letting go

童小言 著

SIMPLIFYING LIFE

断舍离：给生活留呼吸

长江出版社
CHANGJIANG PRESS

图书在版编目（CIP）数据

断舍离：给生活留呼吸 / 童小言著. -- 武汉：长江出版社，2025. 8. -- ISBN 978-7-5804-0172-4

Ⅰ . B821-49

中国国家版本馆CIP数据核字第2025C4U122号

断舍离：给生活留呼吸 / 童小言 著
DUANSHELI: GEISHENGHUOLIUHUXI

出　　版	长江出版社
	（武汉市解放大道1863号 邮政编码：430010）
选题策划	记忆坊文化
市场发行	长江出版社发行部
网　　址	http://www.cjpress.cn
监　　制	暖　暖
责任编辑	李诗琦
特约编辑	花　椒
印　　刷	三河市恒彩印务有限公司
版　　次	2025年8月第1版
印　　次	2025年8月第1次印刷
开　　本	880mm×1230mm 1/32
印　　张	7.5
字　　数	155千字
书　　号	ISBN 978-7-5804-0172-4
定　　价	56.00元

版权所有，翻版必究。如有质量问题，请联系本社退换。
电话：027-82926557（总编室）027-82926806（市场营销部）

懂人，懂事，懂规则；
轻松，快乐，有希望；
从容，花香，有暖阳；
要爱，要美，要"开挂"。

童小言

最高级的自律，就是断舍离

如果你觉得有人什么都好，几乎过着完美的人生，那一定是因为你跟他不熟。

不存在完美人生，因为"诸行无常"。世间万物处于永恒的流变之中，人生也不例外。无常的本质决定了，没有一种状态能够持久不变。所谓的完美瞬间，或许转瞬即逝，紧接着便可能遭遇挫折与困苦。人生的每一种经历、每一分收获，都是众多因缘相互交织、相互作用的结果。一个人的成就与幸福，也并非独立存在，而是依赖于无数的内在和外在条件。这些条件时刻在变化，牵一发而动全身，只要其中某些关键因素发生改变，看似完美的局面就可能土崩瓦解。

人生也充满了各种烦恼和痛苦，这是无法回避的现实。生老病死是每个人都会经历的旅途。这场旅途中的生离死别、疾病和衰老，给身体与心灵带来双重折磨。此外，竞争激烈的就业市场、高强度的工作任务、复杂的人际关系处理，都让人心力交瘁。为了能有一个安身之所，许多人背负着长达数十年的房贷压力；日常生活中的各种开支，如柴米油盐、子女教育费用、医疗保健支出等，都有如沉重的枷锁。情侣之间的争吵、夫妻之间的矛盾、亲子之间的代沟与教育分歧，也常常引发困扰，给双方带来深深的痛苦与无奈。社会舆论与他人的评价也像无形的鞭子，抽打着人们。大家仿佛陷在焦虑与疲惫之中，无法自拔。

在《自律力：做自己的船长》一书中，我通过亲身经历及身边事例，分享了自律在个人成长、人际关系、事业发展等方面对我的重要影响，以及如何通过自律实现自我提升、获得世俗意义上的成绩，更难得的是，逐步解锁内在更稳定的喜悦。

我在书中分享了关于"为什么要自律"的种种学习、思考和实践。比如，行为与结果之间那如影随形的因果关联，犹如一条贯穿生活始终的丝线。每一个行为、每一次选择，都扎根于复杂的因缘之中，如同种子的萌发离不开土壤、水分与阳光的滋养。生活恰似一幅由无数因果交织而成的画卷，我们的成败并非命运偶然的摆布，而是长期行为、心态及选择积累的结果。书中，我分享了许多案例，那些在事业上起伏跌宕的人，他们的轨迹往往能从往昔的行为决策中觅得根源。品德高尚、勤勉努力、积极进取者，更易逐步构筑事业的高楼；而道德缺失、畏难退缩、利欲熏心之人，则可能深陷困境。

再比如，依照佛学的因果观，"善业得乐果，恶业招苦果"这一规律，不仅关注行为本身，还涵盖了行为所产生的潜在力量在整个因果链条中的传递和积累。一个人的善业或恶业不仅仅影响当下的某个具体结果，还会在更长远的时间跨度和更广泛的生活层面产生连锁反应。我在书里讲述了一些人在工作和生活中秉持积极正面的态度，努力帮助他人、诚实守信，从而获得了良好的人际关系和事业发展机会，得道者多助；相反，那些心怀不善、自私自利的人，往往会陷入困境，遭遇各种挫折，恰如"失道者寡助"。

基于对因果的认知和这些观察，我在书中分享了有关"行为上自律"的"宝典"——健康生活五大信念。同时，倡导大家不随意评判他人，理解每个人都是一本独特的书，我们所见的不过寥寥数页。学习智慧文化和圣贤文化，能助我们修正观念和行为，使言行符合道德和真理。从事正当职业并认真工作，既是对社会的奉献，更是实现自我价值的途径。布施也是重要一环，财布施、法布施、无畏布施，都能让我们在给予中收获福报与内心的丰盈。

所以，《自律力：做自己的船长》主要聚焦于探讨"为什么要自律"以及"如何在行为层面做到自律"。那么，《断舍离：给生活留呼吸》探讨什么呢？到底断舍离什么？

就像播种了善良、努力、诚实的种子，就会收获相应的积极成果；而如果种下了贪婪、嗔怒、嫉妒、愚痴等负面的种子，必然会导致不幸和灾难。贪婪所带来的负面影响如影随形，焦虑、急躁、不甘心……时刻干扰着内心的平静与安宁；愤怒与嫉妒的情绪，也如同心里的毒刺，随时刺痛自己和他人；愚痴则让我们不明真理，在纷繁复杂的世界中迷失方向，做出错误的判断和选择。

我们往往被贪嗔痴所蒙蔽，对自身的痛苦和缺陷视而不见，对他人的生活又产生不切实际的向往。这种认知上的偏差，使得我们在追求完美人生的道路上越走越偏，最终陷入了更深的迷茫与痛苦之中。

随着学习的深入，我越发领悟到，行为自律固然为拥有幸福人生的重要基础，但心态的调整才能给人带来根本上的转变。这便是重写本书的原因。我想在这本书中探讨个人成长中更为关键且更有挑战性的领域——心态的调整。

行为上的自律在一定程度上可凭借坚定的决心与毅力加以掌控，然而情绪和情感似无形的暗流，常常在不经意间将我们拖入旋涡。当愤怒、嫉妒、焦虑等负面情绪袭来，或陷入失恋等情感困境时，我们往往深陷其中，难以挣脱。心，不是像叉在腰间上的手，说放下就能放下。可"心念"恰恰具有强大的力量，它如同一块肥沃的土地，我们种下什么样的种子，就会收获什么样的果实。负面的心念会吸引负面的境遇，积极的心念则会为我们带来光明和希望。这些看不见的情绪和情感，犹如隐藏在暗处的礁石，稍有不慎便会让我们的人生之舟触礁搁浅。

正是因为心态的调整如此重要，又如此艰难，所以我才说，最高级的自律，是断舍离。断舍离并非简单地丢弃物质上的东西，而是对内心世界的深度清理。它要求我们勇敢地面对自己的心，果断地斩断与负面情绪和不良心态的纠葛。因此，我将在此书中，从多个维度探讨如何在心态上实现断、舍、离。

同期，我对旧作《乘风破浪的我们》也进行了重新修订，并更名为《边界感：温柔说不之力》，新版侧重于分享我在修习、实践过程中获得的突破性认知：如何建立清晰的自我边界，重构与自身、与他人、与世界的关系。

我们像是行者，背着沉重的行囊在世间跋涉。《自律力：做自己的船长》帮助我们整理行为上的行囊，让我们行走在尽量安全的地带；《断舍离：给生活留呼吸》则像是一把扫帚，清扫负面心理；《边界感：温柔说不之力》便像那盏灯，照亮模糊不明的前路，帮助我们对"自我"的本质进行洞察，打破那深层的桎梏。然后，我们会惊喜地发现，烦恼真的能够大幅削减，内心能如此趋于平静。

衷心希望这三本书能为读者带来真实的帮助，特别是给正在经历情绪困扰的年轻朋友提供些许光亮与温暖。倘若书中存在疏谬之处，我诚心道歉，恳请指正；若我做的事积累了善果，愿将这些善果全部回馈给一切众生。期望在这三本书的陪伴下，我们能够持续不断地探索成长之路，培养更清醒的认知与更自在的生活态度。愿我们都能在自律与断舍离的践行中，收获内心的平静、喜悦以及真正的自由。

目录 CONTENTS

001 | 第一部分
工作断舍离 —— 不焦虑，不虚荣

- 003 | 第一步，断弃不切实际的白日梦
- 006 | 戒掉虚荣，角色管理的正确打开方式
- 022 | 善用优势，但切忌为其所累
- 029 | 诱你坠落的，是那颗贪心
- 038 | 离开舒适区，永远像实习生一样工作
- 092 | 放弃凡事追求十全十美的强迫症

103 | 第二部分
情绪断舍离 —— 不纠结，不抱怨

- 105 | 管住你的"真性情"，那只是坏脾气
- 126 | 给心灵"排毒"，不负重前行
- 136 | 零抱怨，别再"玻璃心"
- 145 | 莫急，莫焦虑

153 第三部分
情感断舍离 ——不攀附，不将就

155 | 当断则断，绝不拖延
163 | 你若盛开，清风自来
170 | 平常心待人，自然花见花开
180 | 大智若愚，装傻也是一种自我成全

189 第四部分
生活断舍离 ——不迷恋，不堆积

191 | 内心减负，生活变酷
200 | 重要感作祟，朋友圈到底有谁啊？
206 | 跳出攀比陷阱，活出自我节奏
212 | 舍弃怯懦，带着信心前行
222 | 专注提高，忠于自己

letting go

第一部分 工作断舍离

——不焦虑，不虚荣

停止低质量的勤奋，心态比努力更重要。

第一步，断弃不切实际的白日梦

你是不是幻想爸妈其实隐瞒了家中财富，他们只是一直在默默考验你，直到有一天不好意思地告诉你，其实你是个富二代？

你是不是期待自己买的彩券能够幸运中奖，颁奖单位终于找到你，奉上一台宾利？

你是不是想着自己不必努力工作，只需坐等伯乐慧眼识珠，就能平步青云、功成名就？

你是不是盼着雨中出现一位翩翩富家公子，开着他的保时捷停在你身边，轻柔地问："美丽的小姐，能赐予我荣幸载你一程吗？"

你还在做这样的梦吗？幻想自己是偶像剧里的公主，挽着王子的胳膊缓缓走进宫殿，在所有宾客的注目礼中优雅地跳起华尔兹……

不好意思，现实往往是——

你的父母就如你所见，平凡却坚韧，含辛茹苦把你养大，可你现在是不是还在啃老？

你花了一千块钱买彩票，最后好不容易中了几袋洗衣粉，抱怨为什么中不了一台熨斗。

你在职场浑浑噩噩多年，既没有天降的董事长的女儿或儿子青睐于你，也未曾偶然救过老板的命，有好处想占，有职责想躲，终于等到一张裁员通知。

你在雨中拖着快断跟的高跟鞋，被身边呼啸而过的法拉利溅了一身水，顾不得淑女形象大飙脏话。

这样的梦醒来，你发现，你顶多是个灰姑娘，而且貌似永远遇不到仙女，穿不上水晶鞋，吻遍青蛙也变不出一位王子……

到底问题出在哪儿？
问题在于——你把你的人生路交到了别人手里。

断舍离第一步：断弃不切实际的白日梦。

真正的转机与转变,绝对不会出现在你刷完一堆主题为"霸道总裁爱上我""赘婿逆袭"的短剧之后,但往往会发生在你接受现实之际。因为你接受了自己,才会意识到自己的局限和潜能,才更知道自己要做什么。学会放弃那些对虚幻的成功的渴望,去领悟生命的真谛,从而找到内心真正的富足与自在。

戒掉虚荣，角色管理的正确打开方式

　　Lucas，一位三十岁的销售经理，颇具投资眼光和销售能力。短短两年，他的座驾就从大众桑塔纳换成了凯美瑞。又过了两年，他买了一辆奔驰。半年之后，他又购入一辆宝马送给太太。过了半年左右，他将奔驰换成了保时捷。

　　令人称许的是，他虽财富渐增，却没有忘记自己的根基——他是这家世界五百强企业的一名职员，明白现有的资源都得益于这个平台，所以他心怀感恩与珍惜，行事低调。作为销售人员，外出见客户时他开保时捷，因为他知道这能给客户信心，显示公司效益不错，有助于拿到更多订单。但到办公室上班，他就开回凯美瑞。世间所得皆有因缘，作为金牌销售，他确实能够赚取不少提成，但他不想开着比老板更好的车子进公司停车场。

Monica，二十多岁，在一家IT公司上班。作为一名普通职员，她的代步工具是奔驰，全身上下都是名牌。许多同事好奇地问她父母是做什么的，得知是普通的工薪阶层都很意外。有一次她在办公室和同事争吵，那位同事因为被她在董事长面前冤枉而遭开除，离开前爆料，大家才知道Monica竟然是董事长的情人，众人一片哗然。

瞧，在不同场合，我们需要割舍掉那些不适合的角色表现。**角色管理的意义在于真切地正视自身当下所承担的角色，并且认真地做好它。**在公司里，我们是职员，应该秉持的就是职业素养。

我将"角色管理"定义为：对自身在不同社会关系和情境下所扮演的角色进行管理，让每一个身份都能恰到好处地发挥作用，进而收获更加和谐美好的生活体验。

你正分别扮演哪些角色？

父亲还是母亲？丈夫还是妻子？儿子还是女儿？儿媳还是女婿？上班族或是创业者……

那么请问，给这些角色名词加上形容词，会是什么？

是慈爱的母亲、体贴的妻子、孝顺的子女、通情达理的儿媳、兢兢业业的上班族……

还是，碎碎念的母亲、疑神疑鬼的妻子、目无尊长的子女、与婆婆剑拔弩张的儿媳妇、消极怠工的员工……

抑或是，把老公当成儿子对待，到后来分不清楚两者界限的妻子；把同级当下级对待，能力不足脾气还大的职员；上班玩游戏还抱怨上司不给自己加工资的懒散下属……

回想多年前，就业环境还不像现在这么严峻的时候，朋友谈及她公司里有一位家境优渥的同事。那位同事上班时，总在众目睽睽之下抱怨："哎呀，我都不明白自己为什么要来上班，怎么还不放假啊，我想去欧洲度假了……"

要是她没把这份工作当成事业，只当是个"消遣"，那她对工作不上心倒也能够理解，毕竟这份工作对她而言可有可无。不过，从维护办公氛围的角度来看，这么做是非常不妥当的。而要是她把工作看作自己的事业，或者当成一个学习、锻炼、积累经验的平台，哪怕只是短期历练，期望在这个过程中有进步、有成长，那么不论干多久，都需要用心去对待与工作相关的事务，包括工作本身和职场中的人际关系。

身处职场，既然身份是职员，就不该摆出娇小姐的姿态。这就好比企业家去做义工时，他的身份便是一名义工，就要踏踏实实地扫地，把大老板的排场全都收起来。

我曾去过一些寺庙，看到里面有不少义工在默默地做事。他们有的在清扫庭院，一丝不苟地将落叶和杂物清扫干净；有的在整理佛堂，小心翼翼地摆放着供品和经书；还有的在寺庙门口引导前来参拜的信众，态度和蔼且有耐心。

一开始，我以为大家只是因为有空才来的，都是怀着一颗虔诚之心来做善事。然而，一次偶然的聊天，我才知道，他们在世俗生活中竟然是管理着上百人的公司的企业家。

其中一位，他管理着一家颇具规模的科技公司，平时在公司里要作各种重大决策，指挥员工开展复杂的项目。但在寺庙里，他就是一个最普通的劳动者，穿着朴素的义工服，专心致志地擦着几案。

还有一位女企业家，经营着一家时尚品牌公司，手下员工众多，在时尚界也是小有名气的人物。然而在寺庙里，她脱去身份和光环，在厨房帮忙，洗菜、切菜、做饭，忙得不亦乐乎。她告诉我，在商界，大家关注的是她的身份、地位和财富，但在这里，她感受到的是身上没有任何标签的平等，以及心怀慈悲和为他人奉献带来的快乐。

我们常听到演员为了新戏中的角色去体验生活，这种对职业认真负责的态度值得称赞。实际上，普通人在生活的不同场景中同样不断转换着角色。我们就像是生活这个大舞台上的演员，只要与人交往，便扮演着特定的角色。这里所说的"扮演"并非弄虚作假，而是在不同的场合恰如其分地诠释角色，独处时就回归自己。

我们常常会看到一些角色管理不善的情况，就像"串了角"，做出不符合该角色的行为。而一旦"串角",代价是很高的。

有一次和朋友聚餐,朋友提到她公司有个二十五岁的女孩,爱上了公司老板。老板三十五六岁,已婚,还同时和公司多位女性有着亲密关系。女孩说:"我知道他喜欢我,也知道他不会为了我离婚,但我还是无可救药地爱上了他……"

朋友说:"她肯定认为自己对老板是真爱。"

我忍不住认真说道:"二十几岁的女孩容易崇拜成功人士,而四十几岁的男人大多数看上去成熟稳重、事业有成。所以这些女孩往往陷入误区,分不清自己是爱慕'成功'还是真的爱慕这个人。如果他不是老板,没有钱,没有权力,她还会爱他吗?"

这种"串角"的结果是可悲的。对她来说,这份工作已经不用指望能长期干下去了,而她的爱情也赔上了。

艺术学校的资深教师对即将步入演艺圈的学生们建议:对于行业中的不良现象,能拒绝就尽量拒绝。教师们见过许多在纸醉金迷的娱乐圈中丢失自我的例子,刚刚进入演艺圈的小演员若不好好钻研演技,想"走捷径",或许能获得短暂的"星光",但太多现实中的例子警示着我们,那些看似光鲜的捷径,未来往往布满荆棘,最终导向黯淡的结局。

对于普通职场人,遇到可能会触碰底线的问题怎么办?

我的建议是——虚荣断舍离,做自己角色该做的事。不要越界，不管对象是同事、老板，还是合作方。总之，不要去做"无法回头"的事。

社会就像一个大染缸，比校园环境复杂得多。很多年轻人会遇到各种各样的诱惑和麻烦，作为快四十岁的职场女老板诚心劝诫：真的没必要！没必要让自己陷入危险或者违背道德伦理的境地。表面上一时的得失根本算不上什么，而阴德若是被深深折损，那才是生命无法承受之重，财运、良缘与福气都会被消耗殆尽。

这后果之重，正印证了那句话——"所有命运赠送的礼物，早已暗中标好价格"。

不管这社会染缸如何浑浊，各行各业存在多少不纯粹的诱惑，我们得清醒——捷径是最远的路。

保持一种坚守很重要——在职场中，越有分寸，越受敬重。这和性别无关，也不是单纯的权力问题，而是"对权力的价值观"问题。往前一步是"随便"，往后一步才是"实力"。

有人问如何应对酒局。首先，真诚且明确地表达自己不能喝或者不想喝，别人或许便会予以理解和接受。有些时候可能是我们自己将问题想得过于复杂，把状况预估得太过严重了。所以，表达态度不能模棱两可，让对方搞不清楚你到底是想喝还是不想喝。其次，如果面对强行劝酒，这里给大家分享一个在应酬中保持清醒、"千杯不倒"的小窍门。

当别人带着不良目的给你灌酒，你可别出于礼貌不懂拒绝就真的喝醉了，之后发生什么便都不在自己的掌控之中了。有人说："真到了那种场合，我要是死活不喝，真的得罪了人，生意肯定就黄了。"我觉得，第一，对方不一定一开始就心怀不轨，可能是你喝醉后，他才有了非分之想。你不必拒绝喝酒，但不要让自己喝醉。只要你表现得清醒，别人就会有所顾忌，也会收起不良的念头。第二，如果真的遇到一开始就动机不纯的人，那你压根就不该去。去了的话，即使翻脸也比丢脸强。

记住，无论在什么场合，为了什么目的，都不要让自己陷入危险。

我这里讲的是自我保护的问题，并不是抨击酒文化。如果真的不会喝酒，就不要勉强自己，不要为了满足别人的期待或者贪心于业务成果而把自己的胃整坏。签十个项目都换不回一个好身体。有些刚毕业的男生，年少气盛，别人一鼓动，就马上三杯白酒下肚，然后去洗手间吐。还有一些人，别人就是想让他难堪才灌他酒，他还当成客气，来者不拒，结果喝醉后发酒疯，被人录下来，隔天在会议间隙当作玩笑播放给领导看，领导看到他这么轻浮，就会觉得他缺乏自控力，不能委以重任。所以，"逞强"这个缺点也要断舍离。

有些地区酒文化很重，谈合作的诚意要看喝了多少杯白酒，动不动就要一饮而尽。在这种情况下，拒绝喝酒可能会有些失礼。我的诀窍是——用湿毛巾。餐厅一般都会给每人发一条湿毛巾，每次有人来敬酒，我都说："哈哈哈哈，好，好，谢谢，谢谢，干！"对方仰头干杯，我也配合，然后喝完，做出空杯的动作。当对方满意地转向下一位敬酒者时，我再缓缓拿起湿毛巾，优雅地擦一擦嘴，顺利将酒吐出来……不过这可能只适用于小盅的白酒。之所以如此，并非不尊重敬酒者，只是我怕自己酒量浅，喝醉失态。有人可能会说："喝酒多少代表了态度，你这样诚意不够。"我虽然表示惭愧，但我不相信你今天喝酒喝到烂醉如泥，而业务上没有任何优势，人家就会跟你签合同。生意人都不是傻瓜，他们先看是否合适，在合适的基础上，才会跟你在酒桌上谈交情。如果你能喝，那就多喝几杯；如果确实不胜酒力，采取这种令双方颜面都得以保全的方式也无可厚非。虽说喝酒的态度可能不够好，但做事的态度务必认真负责。那时我还是职场新人，有一次，我的这些小举动被集团分公司的一位老总看到，他不但没有说破，反而觉得我聪明，还打趣地跟我说："每次喝酒，你的毛巾才是酒精含量最高的。"

其实现在回忆起这些事，感觉都离我很遥远，好像十多年都没有遇到过"喝不想喝的酒、见不想见的人"的情况了。所以，我们要坚信一个人的气场是会影响周围的环境的。当自身气场足够强大、积极且坚定的时候，就仿佛在周围构筑起了一道无形的屏障，那些与自己气场不合、违背自己意愿的人和事就难以靠近了。这就像是一种微妙的磁场效应，随着自己内心的成长和气场的蜕变，外在的境遇也随之悄然改变，朝着更符合自己内心所向的方向发展，那些曾经困扰自己的酒桌应酬，也成为过去式。连人也是如此，哪怕是那些平时举止轻浮、喜欢动手动脚的人，在我面前也会不自觉地收敛，表现得如同单纯正派的"大男孩"，对在场的年轻女性也都礼数周全。由此可见，如果我们自身的气场足够庄重，那么与我们谈话的对象也会不自觉地被这种气氛影响。

如果自身品行端正，却遭遇诽谤或被制造绯闻，该如何应对呢？就像许多女生，她们明明独立努力，却也难逃"人在江湖漂，哪能不挨刀"的境遇。职场有时就是这样，有些人因为不了解你，听到传言就信以为真，让你遭受无端指责；或者明明知道你有能力、有原则，但为了保护某些人、打击另外一些人，还是会编造不实的消息来抹黑你。生存法则就是：内心不要被流言蜚语影响，专注做好自己，但要避免"瓜田李下"，尽力规避那些容易引发误会的场合与情形。

我们也许可以换个角度想，有诽谤和绯闻，说明你也许是个"角"了。所谓树大招风，如果没有议论你，要么是你没有威胁力，要么是你没有存在感。当然，这仅仅是一种自我安慰。

真正需要明白的是，在这个复杂的世界里诽谤和绯闻的产生往往源于各种因素——可能是嫉妒，可能是利益冲突，也可能仅仅是误解。这其实在提醒我们，名声本就是无常的，今天可能因为某件事被人诽谤，明天又可能因为其他事而被赞扬。执着于这些外界给予的评价，只会让我们的心情起伏不定，因为它们随时可能发生变化。

大家常说"贵圈真乱",这里的"贵圈"多数指演艺圈。因为演艺圈在台前,关注度高,所以一旦被泼脏水,要证明自己的清白非常困难。但"贵圈"只是把职场的好与坏放大呈现了出来。以前我说:"既然选择了耀眼的荣誉,就要承受与之相伴的诋毁。人生就像一个套餐,不能单点。"但现在我明白了:世间的一切事物,包括职场中的荣誉和诋毁,都是无常变化的,我们不能只选择自己想要的。如果执着于荣誉,当诋毁到来时就会痛苦不堪。其实荣誉和诋毁都是短暂的、虚幻的,就像梦幻泡影一样。所以,有荣誉,不必骄傲自满,因为那一定会过去;有诋毁,也不必忧虑害怕,因为那也一定会过去。

2004年,美国非营利性女性研究和咨询机构Catalyst在针对女性问题所做的一项调查中显示,在财富五百强公司中,女性管理人员占管理人员总数比例最高的公司,在平均净资产收益率和股东回报率方面,分别比女性管理人员比例最低的公司高出35.1%和34%。

近年,麦肯锡的研究报告发现,在由女性出任管理层职位比例最高的欧洲公司当中,其业绩表现高过平均水平。这些公司在商业利润、业务成果和股票价格增长方面的表现均超过竞争对手。麦肯锡在对世界各国公司进行调研后还发现,那些高层职位有三分之一或以上由女性出任的公司,平均表现超过那些没有女性进入高层的公司。麦肯锡还对美国财富五百强公司进行了调研,结果也发现,那些拥有更多女性高层管理者的公司,平均表现比女高管较少的公司优秀。

可见,优秀的职场女性越来越多地被看见和肯定。

职场中的角色管理是各司其职。

"股东"的角色是提供资金支持和战略资源,而不是直接参与公司日常运营的细枝末节,也不是对公司的每个决策都横加干涉。再比如实习生,应该知道自己在企业中的定位,专注于理解工作指令、学习技能、发挥自身创意并高效地完成工作任务,而非对企业战略妄加评论。在大企业中,这种现象可能较少出现,但在创业公司里,由于人员较少、组织架构扁平化,实习生可能更容易接触到与企业战略相关的话题。然而,实习生经验相对不足,对企业的整体运营和市场形势的把握往往不够全面深入。如果实习生认为公司没有前景,那么明智的做法是选择离开,而不是在公司内部议论领导的决策,对团队的工作氛围造成干扰。

基层员工应专注于执行任务,积极学习业务知识,提升自己的专业技能;而管理者需要具备领导能力、战略眼光,合理分配资源并激励团队成员。这并不是说基层员工不要有追求,而是强调基层员工在特定的职场发展阶段有着明确且重要的任务导向。当每个人都能在自己的角色中尽职尽力时,整个职场生态就会和谐有序地运转。

然而,虚荣心常常如杂草般滋生,过度追求表面的荣耀、他人的赞赏和物质的炫耀……为争抢功劳、过度包装自己的能力或者盲目攀比职位和薪资，甚至为了满足虚荣，采取不正当的手段，比如业绩造假、贬低同事，这些行为不但违背职场的基本道德素养，最终也会损害自己的声誉和发展。

我们只见过"隐秘而伟大"，我们见到过"虚荣者殷实"吗？

先来看看虚荣会带来哪些隐患。

如果过度关注自己在团队中的地位和形象，总是急于将功劳据为己有，夸大自己的贡献，而对其他成员的努力轻描淡写。长此以往，团队的协作氛围就会被破坏，工作效率必然大打折扣。

如果总是想在他人面前展现出完美的形象，不愿意承认自己在知识、技能或经验方面的欠缺，害怕暴露自己的弱点，可能会使我们错失很多提升自己的宝贵机会。

如果总是忍不住炫耀自己的财富、地位或成就来获取他人的关注和认可，或者过度消费、购买超出自己经济能力的奢侈品只为在同事面前显示自己的富有，甚至夸大自己的人脉关系。这些行为不但无法赢得尊重，反而可能引起他人的反感，让人觉得华而不实。

更严重的是，当虚荣心主导决策时，人们可能会忽视实际情况，失去理性分析的能力，为了追求虚浮的声名而选择一些不切实际的项目或方案。比如为了在行业内树立自己的威望，不顾企业的实际财务状况和市场需求，盲目投资一个大项目，结果导致企业资金链断裂，陷入经营困境。

为什么会这样？因为虚荣心重的人，将自身价值紧紧捆绑于外界评价。他们常常关注别人对自己的看法，一旦得到负面评价，就会感到极度沮丧。而且，由于过度在意自己的形象和声誉，就会更加难以接受失败。

虚荣心，只会让人在意别人的眼光，导致看不清自己，最终做错决定！

对此我深有体会。

一位智者点出了虚荣心的本质："虚荣是欲望对实际需求的越界。比如在物质上，明明不需要穿名牌、开名车、戴名表、背昂贵的包包，但为了向他人炫耀自己比别人更有钱、更有地位而去追求这些。这种行为是为了获得一种纯粹的精神上的感受，与现实生活的真正需求并无关系。"虚荣会让人内心浮躁，它为我们提供了一种虚假的满足感。而且，"虚荣心更大的危害在于它会掩盖人内心的丑陋面和负能量，比如自以为是、自我感觉良好等。"因为当一个人被虚荣所主导时，往往会高估自己的能力、成就或者地位，从而无法正确认识自己。

由于虚荣的遮蔽，人们容易陷入自我认知偏差，从而忽视自己内心真正的成长需求。人们可能花费大量的时间和金钱在外表的装饰和炫耀上，而忽略了内在的修养、品德的提升等重要方面。一旦外在的虚荣光环褪去，便会发现自己内心其实是空虚的，没有真正的内涵来支撑自己的生活。

明明知道虚荣心带给我们的只有坏处，我们为什么要受制于它呢？

首先问自己：我真正想要的是幸福感还是虚荣心？其次，找出虚荣心产生的根源。它往往源于内心深处的不安全感、低自尊或者对他人认可的渴望。然后，我们可以每天花一些时间回顾自己当天的行为和想法，判断哪些是受到虚荣心驱使而产生的，这种自我省视次数多了以后，能够帮助我们在虚荣心刚萌芽时就意识到并加以控制。

就像我以前觉得有钱有名，就是成功，成功就是真正的幸福。可钱需积累到何种数目？名又需达到何种高度？实际上，这种追求是没有止境的。

比如现在在一些场合，大家会让我站在C位（中心位），我确实感到很开心。然而，我发现拍完照、发完朋友圈后，大家都会回到自己的生活中，而我也会回到我的生活中，该做什么还是做什么。人不可能永远站在中心，即便站了，也不过如此。别人的赞叹也只是在看到朋友圈的那一刻，我的开心也仅在看到点赞的当下，随后这件事带来的幸福感就结束了，十分短暂。

再比如，现在机场贵宾室和机场快速通道渐渐多了起来。为满足人们的需求，相关服务不断升级，机场便有了独立的贵宾楼，楼里还设有独立安检，专为VVIP（非常非常重要的客人）提供服务。有几次进入贵宾楼的时候，里面基本没什么人，有点像包场，这让我十分开心，于是便发了朋友圈。但之后我发现，那天我在里面也就是吃着并不美味的餐食（甚至可以说比预制菜还难吃），喝着在外面超市只需几块钱就能买到的常见饮料而已。其实这些东西在外面我们未必会想吃，可机场的贵宾楼里营造出的那种仿佛被"抬"着的感觉，让我觉得很享受。然而，尽管"包场"，我一个人也坐不满全场的沙发，毕竟一个人只有一个屁股。坐下之后还是该做什么就做什么，我一样不过是在等飞机。所以，实际上这并没有什么意义。一位智者说："幸福只是一种不稳定的感觉。"确实如此，我的身体明明还坐在贵宾楼的包厢里，但五分钟后关于这件事的幸福感已经没有了。

毛姆说："你要克服的是你的虚荣心，是你的炫耀欲，你要对付的是你时刻想要出风头的小聪明。"是啊，当我从自己的例子中观察时，我突然发现了一个真相：戒掉虚荣心才是最省钱的！当我没有虚荣心的时候，我就不需要C位、VVIP、大牌衣服和奢侈品包包……

接着，我们可以确立与自己能力和兴趣相匹配的目标，而不是盲目追求那些能够带来虚假的满足感的事物。

拿"物品"来说，无论是使用昂贵的还是普通的，都应该以功能和实际需求为出发点，而不是将其作为炫耀的资本。有人或许会宣称："我就喜欢贵的。"不好意思，那极有可能是心里潜藏着虚荣却并未察觉。

拿"目标"来看，当目标是基于自身的真实需求和能力而设定的，便能够专注于实实在在的成长与进步，不至于被虚荣的心态所左右。而且，将精力投入实际的工作和学习中，通过努力取得的成果，才是真正有价值的。保持不断学习新知识、新技能的习惯，提升自己的综合能力。更重要的是修习圣贤智慧文化，获得正确的认知和观念。当我们对自己的价值有更客观的认识，就不需要通过虚荣来填补内心的空缺了。

既不因他人的夸赞而骄傲自满，也不因职位低微而自怨自艾。"敦笃伦常，恪尽己分，闲邪存诚，克己复礼。"尊重上级，友善同事，体恤下属，认真对待工作，克制不正当的想法和行为，保持真诚之心。如此，无论是面对职场的风云变幻，还是生活的琐碎日常，我们都可以游刃有余地做好角色管理。毕竟，遵循做人做事的道德规范，向来是成功与和谐的根基。天道酬勤，商道酬信。在职场如此，在生活中也是一样。

善用优势，但切忌为其所累

在我的大学记忆中，有一位学姐叫Della，她五官立体，模样极为漂亮，家庭条件也颇为不错，而且还拥有一份令当时许多人都梦寐以求的工作。可以说，她身上的优势着实不少，而其中最显而易见的，当属她的美貌。

美貌就像是一把双刃剑，在职场，这一优势确实给她带来了诸多便利。她能轻而易举地吸引众人的目光，在单位中相对容易获得他人的支持，也更容易获取机会，毕竟社会往往对帅哥美女有着较高的宽容度。

然而，她好像没能善加利用这份优势——混乱的私生活使得她在部门里很快就声名狼藉，最后在舆论压力之下不得不更换部门，曾经的优势此时竟变为了累赘。不禁让人感叹，优势如果运用不当，反而会成为前行道路上的绊脚石。

不仅在职场，她的感情之路也充满坎坷。在面对真挚的爱情时，那颗不安分的心驱使她难以安定下来。或许是因为美貌使她觉得自己值得拥有更多，她不甘心与男朋友安稳地走下去，变心的速度如同疾风一般。而对那些虚伪的爱情，她如飞蛾扑火般苦苦追求，越是桀骜不驯的男人，越能激起她的征服欲。实际上，论能力和聪慧程度，她都并不逊色，偏偏就是这从小到大因美貌而备受"宠爱"的优势，让她情场失意，职场也不如意，这实在是一种讽刺。

另一位学姐Violet，拥有十分动听的名字，人也如紫罗兰一般娇艳美丽。从她小时候起，她的妈妈就因有这么一个漂亮的女儿而满心自豪，见人就说："像Violet这般漂亮的女孩子，将来肯定有着非凡的前程。"

大学时期，Violet恋爱了。即便已经有了男朋友，可她出众的美貌依旧吸引了众多追求者。由于不好意思拒绝，她与这些追求者之间的关系难免变得暧昧不明。漂亮的女孩子似乎常常容易陷入这样一种境地：表面上看，在感情关系里她好像占据着主动位置，掌控着自己与追求者之间的距离和互动节奏，实则被贪恋追捧的虚荣心影响，无法果断选择良人。

情感问题蚕食着她的专注力，Violet的学习成绩逐渐下滑，最后在研究生考试中失利。

漂亮的女孩子身边向来不缺追求者，Violet与男友相恋了好几年，然而在男友被家人送去国外两周后，他们便分手了。之后，她与同校的一个男生走到了一起。等到毕业时，现任男友又去了日本留学，她的感情再度陷入迷茫。

后来，她在一家小企业做人事专员，这和她妈妈曾经设想的"非凡未来"相去甚远。她的妈妈既希望她能早点结婚，又希望她能嫁给一个各方面都优秀的人。在这平凡与期望的落差之中，Violet也感到无措，不知道究竟该如何去寻真正属于自己的幸福之路。

忘了在哪里看到过一个故事：一人前往朋友家做客，见到朋友的女儿极为可爱，便脱口夸赞："哇，你真漂亮！"之后，朋友私下对她说："以后不要夸她们漂亮，因为长相是天生的，漂亮并不是因为她们的努力而得来的，所以没有必要以此为荣。"

Della和Violet无疑都是美女，"美"本是一种优势，她们却被这一优势所累。为什么？*不是因为"美"，而是因为"对美的执着"*。不单是"美"，"帅"也是同理。过度重视自己的外貌优势，就容易在这种优势中迷失自我。

不得不承认，我自己也曾有过这样的阶段。虽然我长得并不惊艳，但在花一样的年纪，每个女孩都有着可爱动人之处。我的第一位追求者是隔壁班的同学，他让同桌代他前来表白。我愣了好几秒，心中十分怀疑，却又十分开心，同时也升起了虚荣心。

或许是因为成绩好,大学时代我也不乏追求者。感觉这和女生喜欢成绩好或者会打篮球的男生的心理可能差不多。这众星捧月的几年,虽然给我带来了学业之外的自信,但也让我对自己产生了误解,使我无法以平常心看待自己。认可自己有魅力,倒也不算坏事。然而,内心滋生的想要证明自己魅力的习惯,并非好事。而且渐渐形成了自视甚高的心态,在后来与另一半相处的过程中,也始终呈现出居高临下的姿态。可以说,好姻缘都是被我自己"作"没的。

对于任何优势,我们不执着于它,就没有问题。一旦执着于此,就全是问题。

很多人想要"麻雀变凤凰",这种期望本身无可厚非,关键在于两个问题:其一,为什么是我能实现这样的转变?其二,我要通过什么方式去实现?如果对待工作敷衍了事、不思进取,每天的生活就是吃喝玩乐和购物。只注重保养外表,不停地充实衣柜,却不充实大脑,也不积攒福报……仅仅是做着嫁给有钱人的美梦,幻想着另一半对自己说:"辞职吧,我养你。"如此,既无法回答第一个问题,也不能达到第二个问题的要求,这正呼应了本书开篇所提到的——如果一个人将改变命运的期望寄托在别人身上,那是根本不可能实现的。

一篇期刊文章提到"成功的创业者需要具备的条件",包括个性特征、个人能力以及商业智慧。其中的"个性特征"包括自信乐观、理性冒险、富有激情、开放心态、高成就需要，这些是创业成功的内驱力；而"个人能力"包括经营能力、管理能力、决策能力、交际与沟通能力、学习能力、团队组建及管理能力；"商业智慧"则包括商业眼光、产业把握能力、个人魅力，是创业成功的保障。它们就像稳定的铁三角，在很大程度上共同构成创业者提升成功概率的关键要素，三者相互交织、协同增效。

我曾观察过四位成功的女性创业者，她们的个性几乎都符合创业成功者个性特征所需的自信乐观、理性冒险。从她们每天在社交媒体上发布的动态来看，她们都富有激情。在创业发展及与各方互动等方面，也秉持开放心态。当然，无论从她们的表达还是行为来看，她们都不甘于当普通的上班族，而是渴望更高的自我实现。她们学习能力突出，对于缺乏经验的项目，往往可以看到她们在社交媒体上坦承自己的不足，但过不了多久，她们会向大家分享自己如何通过努力克服困难，并取得不错的成果。

一个企业或者社群，若能在短时间内迅猛发展，多少能反映出创始人优秀的经营能力、管理能力、决策能力和团队组建能力。这四位女性创业者有的上过电视，有的被媒体采访，能在创业路上搜罗大量人脉，说明她们的交际与沟通能力也绝对不差。能够在风口抓住机会，立刻行动，并且迅速稳健地扩张，所挑选的产品、服务和发展方向都可圈可点，所创企业至今运营都超过10年，可见，她们也具备商业眼光和产业把握能力。

如果说企业的成功不足以反映创业者的个人魅力的话，那么社群的成功，一定能说明创始人本身就是IP（具有商业价值的原创作品或品牌形象），具备足够的个人魅力才能吸引广大的粉丝群体，达到集聚效应。不得不说，这些创业者还有一个优势——都是美女。她们知道自身的这个优势，并且不避讳地善用这个优势，保持优雅美丽、落落大方，却不因这个优势而自满、自傲。因为相较于其他优势，比如刚才列举的成功的创业者的特质，美貌优势于她们而言其实不足挂齿。

而被优势所累的例子，在生活中并不少见。就像那些拥有高智商的人，他们本可以凭借自己的智慧在学术或者事业上取得巨大的成就。然而，有些人因过度自负而不屑于付出努力，总是投机取巧，最终聪明反被聪明误。又如一些天生身体素质极佳的运动员，他们拥有优于常人的体能天赋，这本是他们走向辉煌的重要资本。可是，部分人仗着自己的优势，忽视日常训练和自律的重要性，沉迷于各种诱惑，最终导致运动生涯过早结束。

无论是美貌、高智商还是其他天赋或才华，如果我们过度执着于这些优势，内心就容易陷入一种危险的境地——过度的渴望会让我们对优势带来的利益穷追不舍，一旦这些利益不达预期或难以持续，焦虑、沮丧，甚至愤怒和不满的情绪便会涌上心头，而我们往往深陷其中，看不到执着于此的危害。

只有放下这种执着，摆脱这种依赖，以一颗平常心看待自己,明白优势只是一种暂时的条件,才能真正做到善用优势,而不为其所累。让优势成为我们走向成功和幸福的助力,而不是成为阻碍我们前行的沉重包袱。

诱你坠落的，是那颗贪心

小时候我们常听到大人们说："小孩子真幸福，没有烦恼。"那时的我们会想："大人才幸福，不用写作业，不用考试。"

成长的过程，烦恼如影随形，以不同的形式和程度伴随人生各个阶段。到了30岁，真真切切地感受到烦恼的沉重，才意识到小时候的烦恼像是自己虚构出来的，就如棉花糖，尝过以后，还有点甜。这让我想起辛弃疾的词："少年不识愁滋味，爱上层楼，爱上层楼，为赋新词强说愁。而今识尽愁滋味，欲说还休，欲说还休，却道天凉好个秋！"

成年人的世界里，烦恼沉甸甸的，只能扛过去。

有人深陷无法解脱的婚姻泥潭苦苦挣扎；有人创业失败，不仅一无所有，还背负着几百万的债务；还有人在企业里虽然身处高位，却心力交瘁，背着房贷，每天都提心吊胆，生怕第二天到公司就面临中年被裁员的境遇……

成年，真的没有想象中那么酷。更苦的是到了而立之年依然没有达成"立"的人们。

那些"我自己觉得我很好"或者"就算我不足够好，但你为什么不要我"的人，往往会在工作中被筛掉。一方面，他们去不了好的大公司，即便进了大公司，优越感让他们不甘心在基层工作，又不努力进取，只能离开。这就像是在修行的道路上，有些人自视过高，不肯从基础的修行做起，不愿意积累善业，总是妄图一步登天，结果只能倒退。优越感强烈的表象下其实隐藏着一种贪心，觉得自己可以"不劳而获"或者轻松获取更多的利益。另一方面，创业公司需要有创业精神的团队。那些人用大公司的"萝卜填坑"思维，对工作挑挑拣拣，工作时想的都是"这个该我做，那个不该我做"，自然会被筛掉。

上班族有自己的烦恼，比如能不能升职、能不能加薪、会不会被"炒鱿鱼"、是否被老板器重、人缘好不好、通勤距离远有没有补贴、工作日下午有没有茶歇和水果……

创业者也有自己的烦恼，他们就像峭壁上的攀爬者，创业之路充满挑战和危险。

"创业初期不能盲目自信，要拥有能够抵抗风浪的能力与体力，试着系统地设计所有场景，包括市场大小、潜力，需求的强度、密度和广度，投趋势而非投机会，洞察目标客户行为，再检视盈利模式，具备这些特质，自然能吸引投资人注意。"在一次讲座中，一位具备丰富实战经验的商学院教授指出："通才为大，专家次之。"创业CEO（首席执行官）应该是通才，几乎什么都要懂，什么都要会。但这不是指什么都要做，具备通才的能力和实际操作层面的分工是两码事。

分享一桩我的亲身经历。有一位名叫Todd的人来找我，他滔滔不绝地向我阐述了一个合开文创园区的计划，描绘出一幅极为美好的蓝图，声称要打造富有内涵的文创园连锁项目。并且，有消息表明他名下的另一家公司已经获得了某著名上市公司老总的个人投资。

文创园区的场地资源也具备不错的条件。在文创地产领域颇具影响力的Derrick推荐了场地，场地主人Edward同意让我们免费使用。按照计划，我们只需负责全面翻新改造，购置办公设备和软装，聘请人员来运营就行了。

听到这个项目时，我被可能产生的股份溢价所吸引，起了贪心。我只是对Todd做了基本的了解，并没有做详细的背景调查。可要知道，哪怕是再不可靠的人，也总会有人说他的好话。而当贪心占据我的内心时，我就更倾向于相信那些好话了。人往往就是这样，很难做到完全客观，很多时候都是凭感觉行事。

他分别找了我和与他相识8年的某国际酒店集团副总裁Kent来投资运营这个文创园区，又找了他相识十几年的兄弟Oscar和Rock，分别负责装修和设备采购。

大家参与进来并非因为Todd个人，而是因为听他介绍了项目里都有哪些人，觉得那些人背景都不错，所以才纷纷加入。各方虽然互相不认识，信息也不对称，却都在某种程度上为这个项目背书，按照组局人的安排，共同欢天喜地开始了这个项目的建设，并寄予了美好的期望。

直到有一天，早上8点，我接到Edward的电话，被他叫到了办公室。一见面他就问我："Todd的情况你了解吗？我听说他在福建做倒闭了一家公司，让合伙人亏了两千多万，还拖欠员工和供应商钱。"

我听后不禁皱起了眉头，他接着说："这就是为什么用地合同至今押在我这儿，我不敢跟他签。这件事你知道吗？我对这件事早有耳闻，可是装修已经开始了，如果没了解清楚就贸然终止项目，恐怕不太妥当。所以才叫你过来问问，你是他的合伙人，他到底靠不靠谱？"

当时的我已经在这个项目里了，就像已经踏上了一条前途未卜的路，如果突然被收回投资的机会，无疑是一种损失。我虽然之前也听过一些传闻，但从和Todd的直接交流来看，除了觉得他说话比较浮夸以及没有经济实力之外，倒也不至于打上"不靠谱"的标签。我心想这个文创园区还是可以做起来的，后期我们好好运营，将其打造成网红文创园，Edward还是能得到不错的收益分成的。于是，我便向Edward保证，我们是真心想做好这个项目的，而且Todd以前就和股东们达成了共识，不会插手运营，让他放心。其实，当时的情况是合同早晚都得签，Edward也已骑虎难下。本来他以为只有Todd接手这个项目，所以很担忧，后来见到我，当面聊了两次，确定我也加入后，才稍微安心了一些，很快就把用地合同签了。

过了一个月，我接到Oscar公司总经理的电话，他问我，文创园区已经装修过半了，为什么还不签装修合同、不打款。我在电话这头又皱起了眉头，说道："嗯，知道了，我问问。"说完就挂了电话。现在出现了两种说辞，Oscar说只收到了十分之一的装修款，但Todd一口咬定付了50%，并且声称和Oscar有另外的约定。于是装修工作几乎停滞，我不认识Oscar，况且Todd和Oscar是相识十几年的兄弟，我能做的只有两边催促，但两边都没有行动，项目就这样陷入了僵局。

我不方便找任何人核实情况，因为不知道他们是不是一伙的，也许他们就是为了侵吞我的投资款。这就像是进入了被贪婪和不信任控制的局里，每个人都可能为了自己的利益而不择手段。而我最初的贪心，让我陷在了这个困境里。

好在事情出现了转机。隔了一周，Kent正好在附近办事，一时兴起来文创园区看看，我把他留住，在确认周围没有其他人后，跟他说了目前项目的实际情况。他也立刻皱起了眉头，我们两个面面相觑，开始思考当前的局面。

在Kent的压力下，Todd出面恳请Oscar继续推进装修进度，别停下来让他难堪。那时我们已经认定，Todd没有把我们的投资款付给Oscar。可是，Todd解释说有给Oscar另外签了一份保函，我们不认识Oscar，无法求证。所以，当时文创园区装修的停滞到底是因为Todd的问题还是Oscar的问题，我们不得而知。

有人想空手套白狼，有人想不劳而获，有人想别人栽树他乘凉。Todd的各种说辞一次又一次被证明是不实的，我和Kent非常失望。我得知Kent投资这个项目的理由之一竟也是因为股份的溢价后，恍然大悟，原来我们都是因为贪心才盲目投资。那段时期，我前所未有地感受到了"贪"这个字所隐藏的危害。

接着Edward带我去找Derrick，质问他推荐的是什么人，Derrick觉得一切都是因为自己引荐时不够谨慎引起的，而且可能会给我们造成损失，所以表示抱歉。

在和Todd沟通的两个月里，我对项目进度紧追不舍，让他压力很大，他对我十分不满，还觉得我知道得太多，想要把我排挤出去。在这个过程中还发生了几件惊心动魄的事情，所幸我在失眠了几个晚上后想到了突破困局的方法，才避免了损失，这里就不一一细说了。

当我们遇到形形色色的人，遭遇各种各样的事时，还是要沉着冷静，而且一定要牢记，遇到逆境，就把逆境当成修行。趁此机会，反思自己到底因为什么而陷入逆境。然后根除它们。从逆境与缺点中领悟，如此，我们便是把逆境与缺点"转为道用"①。

我们常说，要用发展的眼光看待问题。两个月的时间可以发生很多事情，比如一个人会因为他的不靠谱而失去自己亲手组建的项目。Todd没有明白，在大家一次又一次给他机会、留有余地之后，他的不诚实让他彻底失去了人心。如果一个人总是说谎，那只会把路走窄，因为他失去了别人的信任，远离了善缘。而我在这个项目中，因为贪心作祟而忽视了对合伙人人品的考察，也是一个深刻的教训。

后来我终于见到了Oscar，了解了他们之间的真实关系，也知道根本不存在所谓的保函。大家终于忍无可忍，在负债和众人的压力下，Todd选择退出。

①佛教用语，指藏传佛教教义中一种将世俗境遇转化为修行助缘的理论与实践方法。

故事至此结束，而现实的精彩程度堪比小说。Todd刚认识我的时候，还特别引以为傲地说他高中就开始工作了，当时拥有九家公司……相较而言，我们另外几位合伙人的经历就平淡多了，我们都是"老实"读书的人。Derrick是香港中文大学毕业的，Kent本科就读于南开大学，在英国读的硕士。我们为Todd的从商经历喝彩，忽视了我们因为学习经历而拥有强大的校友资源、人脉关系，以及法律、财务、商业知识。Todd的经历中也许包含着不墨守成规的积极创新和冒险精神，但也可能意味着耍小聪明、投机取巧。对于后者，大家自然会避而远之，他也迟早要为自己的不良行为买单。

Todd高中辍学四处整合"资源"，创办的九家公司最后都以烂尾收场。他对财务、法律、公司治理等从商必备的基本知识都不了解。他日后若不补充知识，不修品德，即便拿到了融资，创下过亿元年流水，终会因公司内部管理混乱，用"实力"赔光所有用"运气"拿到的钱。

学历确实不是成功的关键，但学识和能力得扎扎实实。

事后，我对Kent说："我们就像被喂了半年的烂苹果，突然把烂的部分切掉，我们竟然还为此感到喜悦，可明明我们是有机会吃到好苹果的。"商场如战场，一不小心，跌入悬崖的可能就是自己。诱我们下坠的，也许就是我们的贪心，是它让我们陷入不必要的风险与挣扎中。《心：稻盛和夫一生的嘱托》一书中说："'心不唤物，物不至'这一法则在这里同样适用。身边出现了居心叵测、欺骗别人的人，是因为自己和这种人有同样的心灵。如果认真磨炼灵魂，让心灵变得清澈美好，那么，我们周围人的心灵也同样会变得美好。"

在生活里，被贪念拉入深渊的例子也不在少数：想要一夜暴富的念头，让赌徒们在牌桌前孤注一掷；面对权力的魅惑、渴望一步登天的野心，使贪官们不择手段；企图名满天下的欲望，让追名者在镁光灯下迷失自我，甚至甘愿以尊严去交换短暂的风光……

贪念如同一把隐藏在内心深处的利刃，割破理智与道德的防线，唯有时刻警醒，才不至于被它诱惑，坠入那难以回头的黑暗深渊。

离开舒适区，永远像实习生一样工作

如今回过头来看，十几年前写下的这一章节的内容，惊觉字里行间似乎隐约透着一种自我得意的情绪。如今，我以"观电影法"重新审视那段实习期，接下来的内容或许将成为一段回放、延展分享与自我检讨。

Stay hungry,Stay foolish.（求知若饥，虚心若愚。）——Steve Jobs（史蒂夫·乔布斯）

在大四拿到Offer（录用信）的四家企业中，我选了一家所应征的职位最符合自己喜好的DSA公司进行实习。DSA后来也成为我毕业之后的第一份工作，与我的第二家公司DSE同属于DS集团,是世界五百强企业。在那个年代,外企是大家向往的去处。

实习第一天,我心里有些小激动,坐在办公桌前感觉一切都很新鲜,桌上放的文件架看起来都与别处不同。我打开计算机,静静地等着有人来告诉我可以做什么。这个星期,我的顶头上司、DSA中国区销售总监Jonas出差了,这就意味着我还不能正式开始销售助理的工作,只能先给办公室其他人打打下手。办公室的员工清一色都是名校生。几个年轻的技术岗小伙子告诉我怎么用公司电话拨号、如何使用传真机和打印复印扫描一体机……那一周,当个"影后"也挺开心的,毕竟学的都是新东西。

有一次我经过打印室,看到两个同事正盯着一体机埋头研究。等我从洗手间回来,他们还在那儿。

我好奇地走上前问:"有什么我能帮忙的吗?"

他俩看到是我,没抱多大希望地说:"我们要复印这张采购订单,可试了各种模式都无法识别纸张类型,手动选择A4、B5都报错……"

说完,他们继续一次次地试着按按钮。

我很疑惑:"请问你们复印出来的纸张是需要A4尺寸的吗?"

"当然啦!"他们觉得我这问题有点多余。

我小心翼翼地说:"那为什么不在这张采购订单的背面盖一张A4的白纸呢?这样一体机就可以识别了。"

他俩一下子愣住了……

这件事让我突然意识到：打破固有思维是多么重要。很多时候，我们总是局限在自己认定的方式里，就像被困在一口无形的井里。其实只要换个角度看问题，就如同找到了能爬出来的绳子，会发现井外有很多不同的解法。这就好比在生活中，我们常常被"习惯和经验之井"困住，却忘了世间万物都是多元的，充满着各种可能性，如果不克服思维定式，那相当于把自己困成了井底之蛙。这些"井"俨然成了认知的陷阱。

接下来，让我先简单介绍一下DSA的总经理Hayden，他是美籍华人，1949年3月出生，妻儿都在美国，独自一人住在上海，每年圣诞节休两个星期的假回去一次。他负责DSA的Factory（制造）那条线，管辖范围包含采购、合同执行、技术研发、生产组装、仓储及物流。DS集团的每一事业体都分为Field（市场）和Factory两条线。Field在集团中涵盖所有销售与市场相关的工作，Factory在集团中涵盖所有生产与技术相关的工作。"Hayden表面看起来像个慈祥的老爷爷，实际上那硬挤出的笑容底下藏着一只'狐狸'。"——瞧，我过去的描述是多么主观且带有好恶情绪啊。其实在企业里，大家只是职责和立场有所不同，并没有绝对的好坏之分。也许在别人的视角里，当时的我才是"恶毒女配角"。而且，正因为存在好恶，就产生了偏见，导致我老是对他们的优点视而不见，却将他们的缺点放大并且当作

<u>八卦宣扬。以一个很简单的例子来说，他也有值得钦佩的地方：
公司有食堂，可他的工作午餐几乎总是泡面。除了必要的应酬，
他只在自己办公室吃一盒泡面解决午饭，几乎每天如此。</u>

  实习第四天，Hayden找我进办公室，脸色凝重。Hayden先是简单问了我一些个人情况，比如什么学校、哪个专业、对这家公司有什么想法……慢慢地说到正题上，他问我文章写得怎么样。我对自己的写作能力还是比较有信心的。他拿出一份报纸，让我看一篇关于DSA在外地的一个项目被当地有名的开发商投诉的文章。等我看完，他问我对报道有什么看法，我如实回答："报道有一定的倾向性，是为那家开发商说话的。"

  他微笑着点点头："你另外写一篇倾向于我们公司的新闻稿，如何？"

  我迟疑了一下，问："Hayden，我能冒昧地问一句，报道上的内容是真的吗？"

  他说："是。"

  共事一年后，我才知道，这是他一贯的思维方式，他对产品质量和服务理念的要求非常低。甚至有一次开会，他当着全球CEO的面理所当然地说："产品质量控制不就是项目现场一旦出了问题，马上派人解决嘛。"<u>——其实，每个人在不同场景、面对不同对象时所说的话，不一定就代表他的真实观念。仅凭在特定场合听到的只言片语就对一个人下判断，这是我的问题。要</u>

是他真像我所理解的那般浅薄，是不可能成为DSA中国区负责人的。所以，浅薄的或许是我自己——一个自以为是的实习生。

当时我心里暗自思忖："新闻报道的是事实呀，还要写文章去反驳，如此这般一来二去的，事情不就越闹越大了吗？与合作方的矛盾也会激化，会让事情变得更加难以收拾。"可我不过是一个初出茅庐的小实习生，能懂什么呢？仅仅靠着课本上学来的那点知识，还有些肤浅的见解，哪有胆量对总经理的工作安排提出异议呢？所以，只能表示愿意试着写写看。

Jonas出差回来听说了这件事，他很诧异Hayden竟然没跟他商量就让我着手写稿反驳，毕竟市场方面的事宜是Jonas的管辖范围。他认为在还有转圜余地的情况下，不应把和合作方的关系弄僵。况且从"汇报"的角度来说，Jonas才是我的老板。在外企，组织架构和汇报层级非常明确，就算是总经理要求一个基层员工做事，也必须礼貌地、按照规矩征得他直属上司的同意，哪怕直属上司只是个小主管也不例外。在Jonas表态之后，此事作罢，我也松了一口气。

但事情并没有就此结束。负面新闻一登上报纸，就会很快在网上被大量转载。Jonas和Hayden都很重视，这是DSA中国公司成立以来第一次爆出负面新闻，要是不尽快控制事态，让火烧到亚太区，不但会影响刚起步的销售业务，而且会成为管理层难以抹去的污点……事已至此，公司一方面积极联系该开发商解决已经造成的问题，另一方面尽力消除网上大量转载此事的报道。

可当时DSA刚进入中国，还没有设立市场部，谁能做消除舆论影响的工作呢？Field这边，除了6位销售经理、2位项目管理经理外，就只有Jonas和才实习一个星期的我。Jonas让我想办法删除网上转载该报道的文章。虽然知道他这只是在想出其他解决办法之前的随口一说，并没有对这个指派抱多大希望，但作为任务接受者的我不敢大意。不知道该怎么着手，只能自己在电脑前瞎琢磨。

我想，如果我是客户，要搜索某一产品的口碑，最常用的途径就是Google和Baidu这样的搜索网站（后来才知道它们有专有名词叫"搜索引擎"）。所以，首先我得了解当下的"情势"，我输入带有DS中英文名称的关键词，发现搜索结果的前三页近60%都是该新闻。也就是说，如果能把搜索引擎上的消息删除，那不就大大降低了该新闻被人看到的概率吗？一想到这儿，我马上打电话给Baidu。客服人员告诉我，搜索引擎是无法删除或屏蔽任何搜索条目的。我接着问："那请问如果网上有不实报道，该怎么办呢？"

"只能联系报道的网页。"

我追问："那没有办法让那些条目不要显示在Baidu前5页吗？"

电话那头的人清了清喉咙:"也不是没有办法。搜索引擎一般会抓取最新的新闻,或者网友比较感兴趣的内容,比如招聘信息等。"

太好了,电话没白打,还是有点收获。

<u>——这个故事或许显得有些过时,然而这里着重分享的是"解题思路"。也就是说,尽管随着时间的不断推移和发展,社交媒体、门户网站、搜索渠道等都会发生变化,但是每次应对问题的思考方式、心态和执行力,会在一次又一次的实战中得到训练。比如善于从不同角度去分析和解决问题的能力,便能够为我们在面对各类新挑战时提供有益的借鉴与启示。</u>

我赶紧跑到Jonas办公室,把想法告诉他。要让其他人同意自己的想法和做法,必须先有理有据地说服他。这个"理"和"据"如果自己没有,就拉"权威人士"进来挂钩——"挂钩"是我在大学教授《谈判技巧》课中的一块重要内容,这里挂的是"百度客服",称不上权威,但在细分领域是专业的。Jonas将信将疑,但还是愿意让我试试。有了Jonas的口头授权,我再到HR(人力资源)面前对她说,Jonas让她将近期要招人的信息于本周内发布到招聘网站上。一定要说是营运总监的意思,因为没有一个经理会听一个实习生的指令。HR大致也猜到这次这么紧急发布招聘信息,应该是跟最近这件大新闻有关,立刻就同意了。

接着,我向Jonas请示公司最近是否有正面的新闻可以发布。

他想了一会儿，告诉我集团在三个月前有发布过一款新产品，现成的中文稿件没有，只有德国总部曾对该新产品的推出发布过的全英文新闻稿。我问他要来了英文稿件，在对产品毫无了解的情况下，通过网络词典查询专业词汇来协助翻译。翻译只是基础，还得把这篇DSA全球的新闻稿修改成DSA中国的。完稿后，我递给Jonas审批，他很满意，同意我联系媒体发布。

然后，我联系了一些已经转载负面新闻的网站，直接找到他们主任，由公司授函要求他们删除失之偏颇的报道。这些网站只是抓取新闻，哪里有时间去考察新闻是真是假。那个时候，我都快忘了自己只是个实习生。——这一点是可取的，积极主动、一门心思地去解决问题，有一份担当和责任感。那段"全心投入，不计较做多做少，不衡量会不会有回报"的时间，可能是我六年职场生涯中难得的纯粹时光。现在回想，很可惜那样的心态维持得如此短暂，普通的秉性造就普通的人生，这就是为什么我没有成长为稻盛和夫。

没想到，这次"初生牛犊不怕虎"的尝试举措，让网络转载的负面新闻在一周内就急剧减少。我居然稀里糊涂地做了应急公关的事，Hayden和Jonas也对我刮目相看。风波过去后，我的事还传到了亚太区总监Antony耳中，成了应急公关的"优秀案例"。甚至一年后，DSE的市场部专员还来向我请教方法。

Special Case（特殊案子）处理完了，作为销售助理的职责才刚刚开始，我竟发现这开头简直就是《杜拉拉升职记》的翻版。这个岗位有点像全国销售团队的管家婆，负责全国销售数据的管理，协调销售团队日常行政事务，如会议安排等。工作内容琐碎，又需要有良好的独立判断能力，哪些事情得报告，哪些事情不需要去烦老板，遇事该和哪个部门的人沟通，都得门儿清。要干好这个职位，手脚要麻利，责任心要强，脑子要清楚，沟通技巧要好。总之呢，要求不算低，待遇不算高。我的工资肯定是不高的，对实习生来说那叫"补贴"，按天计，月结。

　　一名实习生的存在，让不少同事的惰性被纵容了。如果说在Field这边的打杂还算是本职工作，那么要做下面这些事，肯定是哪里出问题了：帮生产部经理在一本比《辞海》还厚的本子的每一页的每一细行的每一小格里加盖印章，帮会计把堆积如山的纸质表格录成电子版，帮所有部门复印、扫描、打印、装订……还要当前台接电话，温柔地说："您好，DSA，请问有什么可以帮您的吗？"

　　如果说有些公司是"把女人当作男人用，把男人当作牲口使"，那我就是跳过了"男人"这个阶段。实习到第三周，Factory那边的合同经理突然辞职，把自产产品的合同执行工作交接给画图纸的同事，而把进口产品的合同执行工作交接给了我。这位经理临走前给我的交接时间只有1个小时，公司也没有提供其他任何形式的培训。换句话说，所有涉及与国外工厂下订单、拟合同、进口、清关报关、合同执行等工作都需要我自学。

一个月后，来了一位行政助理实习生。我原本以为Factory那边的杂事会交给她来做，毕竟她的人员编制属于Factory，如此一来，我就能够专注于自己的本职工作，做好Field这边的工作。然而，没想到这位新来的实习生很有主见，打杂工作一概不接，同事们没办法，只好又来找我。最终，我鼓起勇气给Jonas发了邮件，把自己每天处理固定任务和临时任务所需的时间一一罗列出来，让他意识到如今的工作量已经不是时间管理得好就能负荷的，职责范围应该清晰。第二天，Jonas回复了我的邮件，对我的努力工作表示肯定，并给HR发了邮件，明确了我的工作范围。<u>作为实习生，当时我在一定程度上陷入了与另一位实习生的比较之中。看到她拒绝打杂，再对比自己承担的大量工作，心里感到不平衡。实际上，当时的我未能客观地看待她，现在想来，她能够潇洒地拒绝确实是一种能力，在某种程度上是值得学习的。我对"另一位实习生"的攀比心让我偏离了重点，我不应该因她的行为而影响自己的心态和工作态度。我要做的判断和选择，应该基于自身，思考我想要什么样的成长和发展，然后通过合理的方式表达自己的诉求，从而为自己创造更好的工作环境和发展机会。</u>

这次的勇敢之举证实了：适当Say No（拒绝）很重要！延伸来看这个"Say No"的态度，其实在工作和生活中，我们确实不能什么都抓在手里，要学会分辨哪些是真正重要的，哪些是可以舍弃的。这种智慧能让我们更加专注于自己应该做的事情，放下一些不必要的负担，从而更好地前行。在《自律力：做自己的船长》一书中我详细分享了时间管理四象限和效率管理技能，这里不再赘述。

我在网上看到很多应届毕业生被企业主管们定义为"草莓族"：表面光鲜亮丽，却承受不了挫折，怕苦怕累，一碰即烂。我所说的"Say No"不是指安心当个"草莓族"。我们要做智慧的选择，而不是偷懒的选择。

"专注"使我的工作效率不断提高。半年后，Jonas给我涨了实习工资。当时，比很多知名投行、外资咨询公司的实习工资高是较为难得的。虽然只是每天多了一点钱，但确实起到了激励作用。每当有销售经理带着客户来工厂考察时，我就如同一个小跟班，拿着样本册跟在后面，听销售经理滔滔不绝地介绍产品。如果他们准备进会议室商谈，我便会央求销售经理让我以助理的身份旁听。随着时间的推移，当零售的客户要来公司看样品，而销售经理又无法分身陪同时，就会让我带领客户参观并介绍。一开始，由于对产品没有深入掌握，我只能依样画葫芦地进行讲解。经过不断请教和学习，终于能够将产品的优势透彻地表述给客户听。

我们的零售客户大部分是别墅业主,为了使产品能较完美地匹配别墅整体,他们会亲自来DSA选型采购。由于客户不是技术专家,纷纷抱怨我们的样本册太工业化,里面所写的数据也太过专业难懂。这就像家里要买一台电视机,没必要懂电视机的内部结构和工作原理,顾客更倾向于了解产品的外观、功能和使用体验。我向Jonas转述了客户的想法,他想了2分钟,转身拿了本DSA意大利公司的产品样本册,问我对这本的看法。我一打开就被生活化的图片和丰富的功能选项吸引,立刻称赞,表示如果我是别墅业主会更倾向于选择这本。Jonas一听,露出浅浅的微笑:"如果把样本修改的任务交给你,你有能力试试吗?"我点了点头,表示同意。

第二天下午,Jonas带我见了合作的广告公司老板,三个人坐在一个咖啡厅,研究类似产品的样本册的不同风格和排版,讨论方案,绘制设计草图。接下去的一个月,我与广告公司设计师反复沟通和修改方案。为了能让电话中表达的内容更加清晰明了,我自学Photoshop和Illustrator设计软件,将脑中的想法以更形象的方式表述,发给设计师,再通过电话进一步解释。一个月后,反复修改确认的样本册得到Jonas的认可批复,并拿去打样、印刷。拿到新样本的那一刻,我有种难以言表的成就感。

慢慢地,Jonas亲自陪同重要客户的时候,也会将我带在身边做记录。毕竟是加拿大籍,Jonas的中文不流利,一时词穷的时候，我也能帮助他表述。他表示很希望我在毕业后能够加入公司，并表示公司会对我进行培养。

2008年11月，DSA新财年全球销售会议上，Field团队从全球各地飞来集聚上海，除了来自北京、广州、西安、重庆等地的中国区成员，还来了德国、荷兰、意大利、美国、澳大利亚、新加坡的销售经理及亚太区运营总监，回顾去年的成绩，制订新财年的指标。

这是我第一次与团队所有成员见面，平时通过电话、邮件联络的对象，一个个真实地出现在我面前，虽是初次见面，但没有陌生感。作为小实习生有幸能和那么多DSA高层在一起开会，我既紧张又兴奋。全英文会议，内容包括很多产品的专业词汇，第一次参加的我有好多听不懂、跟不上，内心不禁胆怯起来。为了避免大家看出我的心慌，我拼命抓取每个能听清的词句，记下来，想等会议后再慢慢研究搞懂……会议进行到一半，突然有人喊了一句："Is there anybody taking the meeting minutes?"（有人在做会议记录吗？）此时大家才意识到原本负责做笔记的某位经理出去接重要客户的电话了，久久没有回来。

正当大家面面相觑时，坐在我旁边的德国女士说："Hey, no worry. She is taking the notes."（喂，没事，她正在记录呢。）她指的就是我。我顿时吓出一身冷汗，心想："糟糕，居然无意中给自己揽了这个活。如果会议内容我都听得懂，自然可以欣然接受，可现在这种情况，实在是让人慌张。等会儿可别越慌张越听不懂，一定要保持平静，更加专注才行。"好在我的记录比较完整，会后在Jonas的指导下，也搞懂了会议要点。而那位德国女士，原来就是Jonas的新任上司，Viola。

两天的会议结束后，DSA组织所有国内外同事在上海游玩一日。他们对我这个"Energy Girl"（能量女孩）颇为喜欢，外国同事们也觉得我很阳光。我打趣地为公司的产品想了句谐音的广告语，引得他们连连称赞有创意，后来居然还用这句英文广告语注册了域名。

在这次国际友人齐聚的会议上，我结识了人生中的第一个外国朋友——Rob。多年后的某天，我意外得知原来我的老板Jonas竟是由他面试进来的。Rob可谓是我的第一个忠实粉丝，总是称呼我为"Star"（明星）。十几年后，他对我说："You are my friend who is maybe not the best but has a lot of energy and knows what you want.I know you and I'm proud that I know you."（你在我的朋友中可能不算最优秀的，却是拥有很多能量并且知道自己想要什么的那一个。我认识你，并且我为认识你而感到自豪。）

欲成强者之身，先育强者之心。我很庆幸自己曾有那么充满激情且纯粹的实习及工作经历。每天能量满满地投入工作，当整个公司下班后，我一个人留在办公室加班，和有时差的欧洲同事们沟通工作，把当天紧急的事情处理完，常常是最后一个锁门、离开并回家的。那段充实的日子，虽然忙，收入微薄，但让我很有满足感。高强度的工作节奏让我的办事效率不断提升，思维愈加敏捷，想法也日益成熟。要知道，付出的所有努力，最终的所得都是属于自己的。这些所得要么以外在的成就来体现，要么内化成一种他人无法夺走的能力，它们都是人生中宝贵的财富，也是对自己付出的最好回报。

转眼就到了毕业季，虽然我对DSA由衷感激，所学到的东西和所接触的人物已远远超出一名实习生能够接触到的，但还是想去外面试试机会。几次请假面试后，拿到了另外一份Offer，来自一家许多女性期望就职的快消品公司。不过受聘的是Training Assistant（培训助理），并不是我喜欢的岗位。我做了一张表格，从个人发展、行业、职位、上司、工资、福利、办公环境、同事氛围、交通等因素，对两份Offer进行了综合评估，最终还是选择留在DSA。

DSA是难得的平台，集团的影响力让工作背景镀上耀眼光环，而初入中国市场又让我拥有一个与公司共同成长的机会，可以目睹、感受、融入公司的"创业过程"。如果能做出成绩，还有可能成为资深员工，晋升也将指日可待。我通读了DS集团的背景信息，了解了DS、DSE和DSA之间的关系和组织架构，也掌握了DSA的所有产品线。看到网上那一年的世界五百强企业榜单，DS排名前100，作为德国工业巨头，我仿佛自己也沾了光。DS就像一个小世界，拥有自己的文化、规则、旗帜、字体，甚至还有学校。很多国际型大企业都非常注重人才培养，比如通用电气有克劳顿管理学院，麦当劳有汉堡大学，华为有华为大学，迪士尼有迪士尼大学。DS也有自己的学校，名为"种子精英校园"，为国内外员工提供各类管理、财务、法律、专业技能等方面的培训课程。对于渴望见识、学习和提升的我来说，DS无疑是有吸引力的。

基于已有一年的实习经历，我被免掉了试用期。在DSA中国，约定俗成的、不是秘密的秘密就是应届毕业生的工资，无论什么岗位什么职责，都一样。只有我，在合同的月薪那一栏除了规定的工资外还加了一项500元的"人才保留奖"。

考虑到会见客户和出差交通的便利性，上海的Field团队不适宜继续待在郊区的工厂办公，Jonas成功申请将Field办公室搬到陆家嘴金融中心。这对我来说也是一个积极的变化。来到陆家嘴，我除了一如既往地投入工作，也开始注重穿着要"有范儿"。在那个时代，外在形象确实会在一定程度上影响他人对我们的认知，所以不能忽视外在形象所传达的信息。不过，不应执着于外在的浮华，我们可以通过适当的外在装扮，展现自己的内在品位、气质和涵养，这也是对他人的一种尊重。

<u>一个人真正的价值在于内在的品质和能力。若想要不被表象所迷惑，以平和的心态面对外部的变化，就得不断提升内在修养，做到内外兼修。</u>

随着业务的拓展，我的工作越来越多，既是营运总监助理，又要开展市场部的工作，还得处理进口产品合同及进口部件订购等工作，比总务的工作还要繁杂得多。我的兴趣点在Marketing（市场营销），这是个需要"胆大心细"的领域，与"要么大胆粗心，要么细心怯懦"不同，我在实践中展现出了与之相适应的特质，既能从大局角度看待问题，又具备关注细节的能力。所以，即便工作十分忙碌，我依然乐于思考有助于品牌和产品推广的营销举措。然而，当时由于经验有限，我所思考的多是一些较为基础的方面，如样本、海报、媒体广告、展会、搜索引擎竞价排名以及简单的市场信息查询。

我希望能够深入了解Marketing，并且在这条路上做出成绩，可惜DSA并没有专门的市场部。"只差一个契机和一次大胆的自荐。"我心想。

2009年，公司自成立以来第一次参加展会——别墅展，让我全权负责。场地协商、展台设计、方案落实、样品配备、人员分配和物料运输，都由我一手包办。不是我不懂团队合作，而是人手根本不够，只能让同事们在本职工作的间隙完成我分配的任务，但我感觉得出来，这种没有额外报酬的劳动大家难免做得不情不愿。预算有限的情况下，既要控制费用，又不能降低品牌的档次，我必须保证任何细节都周到细致。

正式开展首日，亚太区总监Antony在Jonas和Hayden的陪同下参加了开幕式，见到我忙里忙外的身影，他上前来打招呼。我顺手递给他，我入职后的"人生第一张"名片，说了句："Hi,Antony.Welcome to the show.Do you remember me? I'm Tong,the Sales and Marketing Coordinator.Here is my business card."（Antony，您好，欢迎来展会。还记得我吗？我是Tong，负责销售与市场协调，这是我的名片。）

他愣了一下，显然没料到我会以这样的方式打招呼。他接过名片，表示还记得我，并且对我这个"能量女孩"印象深刻，认为我有能力达成自己想做的任何事情。看到他对展会十分满意，我趁机从展示架上拿新样本给他看。他惊喜地表示这正是他所认可的，适合我们产品的展示形式。我心中喜悦，顺势表达了自己希望能更加专注于市场营销工作的想法，并且有信心把这块工作做好。

展会结束后，我在Jonas的授意下做了一份小结报告发给Antony，同时抄送给Jonas和Viola。在报告中，除了用数据说明展会的成功之外,我还表达了对Jonas悉心指导的感激之情。

就这样,过了两个月,公司将原本安排给我的进口产品合同及进口部件订购的工作交给了其他人,让我能够专注于市场营销工作以及担任营运总监助理。同时,还招了一名实习生K,负责客户服务工作,K向我汇报,成为我的第一个下属。

这里的氛围随着Hayden对Field成员的排挤变得愈加怪异。公司销量不断扩大,对Hayden而言并非全然是好事。好处自不必说,坏处大概有:一是产量难以跟上销量,暴露出诸多问题;二是担忧Jonas在亚太区的影响力日益增强,中国区出现的产品质量问题无法再遮掩。于是,他对Field的刁难愈加低级且充满矛盾,以总经理的身份频繁否决Jonas的各项提案,在这样的态度影响下,Factory的同事们也纷纷效仿,在Field成员的日常工作中设置障碍。以至于那一年的员工旅游,Field仅派我作为代表参加,其余人不屑与Factory的同事同行,自愿放弃。

两条泾渭分明的线让我对DSA开始失望,碍于Jonas的器重,加上工作还未满一年,我选择忍耐,暂不提辞职。我告诉自己,哪家公司没有大大小小的问题呢?况且我设立的目标尚未实现,在这种形势下更应做好自己的工作,无论如何要在市场营销方面做出成绩后再考虑换工作。

我经常收到人事部门发送的更新的通讯簿，听闻Factory同事陆续入职、离职，平静地将新的通讯簿打印出来，贴在Field办公室公告栏，替换掉旧的。看惯了人员流动，渐渐觉得那也没什么大不了。直到Jonas的离职公告发布，我才知道，原来老板也是会走的。这无疑是晴天霹雳，我打开邮件的那一刻，真不敢相信那是真的：Jonas跳槽了，这是他在DSA工作的最后一个月。我用质疑的眼神望着坐在位置上的Jonas，他明白我想问什么，说道："Sorry（对不起），和你们在一个团队那么久，我居然是第一个离开Field的人。"

收到Announcement（公告）的第二天，Hayden找我去工厂，到他的办公室，询问我对在Field的工作是否满意。我猜不透他的目的，但感觉不会是好事。我看着他，刻意避免提及Field这个词，回复着重强调公司整体："我觉得在DSA工作很不错啊，学到很多。Hayden，您为什么这么问呢？"我让自己放松下来，假装若无其事地反问。

他笑了一下，继续追问："你觉得Jonas如何？"

我的脑海中瞬间闪过他的办公室里会不会有录音设备的念头，便假装听不懂弦外之音，回答："不错啊。我看到Announcement了，他要走了？"并且把问题重新抛还给他。

接下去的问答，我始终表现出一副对公司内部争斗全然无知的模样。他也知道我在装傻，但他并未拆穿，因为此时他还有更为迫切的任务要交给我去做，那就是举办公司的新年晚会。

中国是DSA的重要市场之一，Jonas的离职将使中国区营运总监之位空缺，为了稳定军心，德国总部决定在他离开之前，到上海开个会，了解中国市场的情况和员工反应。由于这次DSA全球最大的老板——首席执行官和全球销售总监都会来，亚太区营运总监Antony和亚太区销售经理Viola更是全程陪同，公司的重视程度可想而知。大Boss（老板）们此行正值中国春节前夕，Hayden便打算将Jonas的告别晚宴和公司的新年年会合并举办。为了今年能够真正办出年会的味道，不让老板们失望，Hayden希望我能够负责筹备工作并担任主持。

把这个任务交给我，明眼人都能看出其中的深意。一方面，他手下的人没有举办活动的经验。另一方面，有限的预算很可能导致年会效果不佳，若办砸了，正好说明我能力不足；退一步说，倘若侥幸办好，那正好能为中国区增添光彩，而Jonas即将成为过去式，Hayden正好能够获得"领导有方"的评价。不得不感叹，姜还是老的辣。——<u>这些只是年轻时的我自行想象的剧情，人啊，就是活在自己的感觉和想象中。哈哈，内心戏太多可不是好事。</u>

依我的性格是一定会接受这个任务的，至少也是一个机会，错过多可惜。要做的就是尽全力将最好的晚会呈现在四位大老板面前，让他们记住中国区有我这位市场营销负责人。

这次年会的难点就在于"照顾周全",将远道而来的老板们奉为上宾自不必说,但作为中国年,工厂车间的基层工人们一年的辛苦付出也应该得到回报,让他们拥有一个属于自己的年会。否则,顾此失彼,容易落下只会讨好老板的负面评价。

只会说"谢谢"的老外们和只听得懂"Hello"的工厂工人们齐聚一堂,本应是件乐事,却着实让人伤脑筋。人数多的话倒还好办,毕竟人多了大老板和工人们座位距离较远,各有各的热闹。偏偏总共只有五桌人,大家聚在一起,就得安排周到。全场若是只说汉语,老外们就无法融入;若是只讲英语,又显得太"端"着;中英双语的话,则会拖慢晚会的节奏……准备时间非常有限,公司上下找不到合适的男主持,为了控制整场节奏,我决定一个人主持,以汉语主讲,用英语点缀做概括性翻译。

老外喜欢中国风已不是什么新鲜事,博大精深的中华文化对外国人总是充满吸引力,所以采用浓厚的中国元素已经可以博得基本的好感。我要做的就是把年会的中国味调整到洋人能够接受的程度,此外加入一些时下最流行的节目,以展现年轻团队的朝气。

准备时间非常有限,我要求每个部门出一个节目,趁午休时间排练。装饰物品和礼品的采购交给K,我自己则负责联系场地、接送车辆及给人数最多的技术部"宅男"们排舞。为了让今年的年会独具气质，我特地设计制作了精美的节目单，其中列出的"Special Part"（特殊环节）作为神秘的保留节目，将在晚会现场揭晓内容。

年会当天，大家提早半小时下班，随后由公司包车送至酒店多功能厅。大厅最前方的舞台背景墙上挂着两个大大的中国结，它们分别放置在LED屏的两侧。伴随着传统的过年迎宾曲，同事们纷纷入场。

晚宴正式开始。开场舞是由4名技术男同事表演的，胖瘦不一的男同事们扭动着身体踩着音符起舞，把全场逗得乐不可支。随后我从幕后出现，唱了一段 *La isla bonita*（《美丽的海岛》），顺势拿着话筒自然地过渡到主持，先送出一些新年祝福，再热烈欢迎远道而来的领导们。

节目表演、抽奖和优秀员工颁奖穿插进行。进入Special Part，在所有人的期待中，我让服务员熄掉灯，大屏幕缓缓落下……幕布上出现一段我亲手剪辑的视频，展示了过去一年我们共同经历、分享、付出与创造的成果，背景音乐用的是那时刚过世不久的Michael Jackson（迈克尔·杰克逊）的老歌 *We are the world*（《天下一家》）……音乐声渐隐，画面上出现一张张熟悉的同事们的脸以及他们送出的一句句祝福……这则视频触动了DSA的首席执行官，幸运抽奖环节后，还没等我坐下吃饭，他就上前请我将视频拷给他："Great! Impressive! Tong."（非常棒！印象太深刻了！Tong。）

晚会结束，同事们纷纷上前赞扬我将这次年会办得很好，与我互道恭喜。Jonas表示这是他参加过的所有公司年会中最有人情味的一次，总部的领导们在临走前也不忘与我握手，称赞道："非常好，谢谢。"总之，这一场活动获得了大家的认可。

Jonas离开后，Field名义上由总经理Hayden暂管，实际上，亚太区销售经理Viola并不愿意让Factory的负责人插手销售事务，所以变相地由她直接领导。这位德国女老板不被中国区的大多数员工所喜欢——但我例外。尽管她挑剔、苛刻、强势，但我能不厌其烦地完善工作以达到她的标准。这一点让DSA的其他同事"佩服"不已，有人酸我道："你都快成她的秘书了。她是我见过的最难缠的老板，你可得小心加油哦！"

我不阻止大家在我面前评论Viola是个麻烦人物，但我也不会参与议论。要知道，得罪同事或者被同事抓住把柄都并非好事。况且对我而言，Viola是当下唯一能够与Hayden抗衡的人，她更有可能将我的工作职权扩展至整个亚太区，从而给予我更大的发挥空间。

果不其然，我以上海的劳动力和材料成本相对较低为由，慢慢说服Viola让我分担澳大利亚、日本和新加坡的市场工作。经过尝试几项任务后，境外区域的同事们越来越认可这种模式。这样既省下了销售工具的制作成本，可以将更多预算用于市场部的其他项目，又能实现亚太区销售工具的资源共享及版式统一。而我在不断接受任务、攻克难关的过程中，对各国市场推广手段及风格之间的异同也有所了解，取各国之长，让自己变得更客观、更高效，也渐渐将亚太区的市场支持工作集中到中国。

Hayden终于还是向我"开刀"了，我曾是Jonas的得力助手，如今又是Viola看重的人，他难免对我心存芥蒂。可惜这次他对付我的方式依然不够高明。跑来向我"透露"此事的，是实习生K。

那天，她缓缓走到我办公室，有些不好意思地说："Tong，我有件事想跟您说，可以进来吗？"

一般有人以这样的方式开启对话，通常都不是好事。我抬起头，说："请进。什么事？"

"前天我请假……是去了工厂……是Hayden让我去的……"

"哦？"我没想到Hayden在没有知会我的情况下，直接"召唤"了我的下属。

"人事经理离职了，Hayden问我是否愿意担任人事行政助理。由于我大学的专业是行政管理，我的兴趣也在这块，所以毕业后我想往这个方向发展……"

我没有立刻表态，只是继续听她诉说："我真的特别感激你之前对我的指导，你对我真的很好。可我觉得销售市场方面的工作不适合我。希望你能理解。"

听到这里，我不禁有些感慨。我明白Hayden的意图，大概是想从我这里抢夺人手。我只是平静地问她："你已经想清楚了吗？这意味着你要调到Factory，工厂在郊区。"

"嗯，我想清楚了，我家住在那边，工厂离我更近。"她接着说，"而且，Hayden已经和我签了劳动合同……"

所以，我这个主管当时只是"被告知"而已。

那时的我，刚毕业没多久，井底之蛙，心胸也不够宽广，虽然表面上保持着平静，但心里愤愤不平。我说："嗯，好啊，既然你已经想好了，我尊重你的决定。希望你今后在新的岗位上能够更加出色。"但又觉得不能就这么算了，于是继续说道，"不过……你也知道，公司都有流程，你得以书面形式给我个说明，不然Viola问起来我不好交代。"随后，便让她回座位写封Email给我。

收到K的邮件，我看了一下，基本表达清楚了意思。我将原版翻译成英文，犹豫着是否要转给Viola，最终还是没有按发送键，而是存进了草稿箱。因为我得先搞清楚Viola对Hayden的不满程度究竟如何，而且新的营运总监还没有到任，也不知道会是怎么样的新老板。若是盲目地把人都得罪了，那岂不是很不明智？我只好继续不动声色，在亚太区市场项目上与Viola加强沟通。渐渐地，我成了在香港的Viola了解中国区业务情况的主要窗口。

"Hi, Tong, 销售经理们上个月的项目跟踪表汇总完了吗？" Viola在Skype（即时通信软件）上问。她几乎要求我分分秒秒都坐在电脑前，以便随时可以找到我。

"还差西北区和西南区。他们要后天才能给我。"

"为什么？请让他们务必今天提交。明天我就要发给德国那边了。"

"今天恐怕有困难，他们目前在上海工厂开会……"

Viola相当惊奇："开会？和谁？"

"Hayden让他们去的，具体我不知道，他没有让我参加会议。"我据实相告。——<u>其实那个时候，我也打了不少小报告。</u>

显然她对手下的人出差开会这事毫不知情，我感觉得出电脑那头Viola快气到尖叫。她让我发邮件通知大家一个月以后开全体销售会议。据说那天她好像还发了邮件给Hayden，貌似是关于职责划分的事。

一个月以后她飞来开会，简单地寒暄几句就进入主题："在各位进行各区域销售情况及所需支持汇报之前，我不得不讲一下发货问题。一月份全球CEO来的时候，Hayden竟然自豪地宣称'如今仓库满满的，比起2007年空荡荡的厂房，如今的发展多么迅速'。你们知道当时大老板的表情吗？脸都绿了！已经生产好的货为何迟迟不发？这是严重的库存积压问题！你们作为销售经理有责任督促客户准备好场地，以便按约定日期发货，难道合约里的仓储费一直形同虚设？"听她表述的语气，可以看出一些她对Hayden的态度。

会议开到晚上7点，Viola请大家吃晚餐，吃完还得继续回去开会，因为有几位销售经理第二天就得赶回自己所在城市，见大项目客户。那天的会议差不多到晚上11点才结束。德国人确实极为严谨，做事一丝不苟，我内心对这一点其实颇为欣赏。

用餐时，Viola坐在我边上，问："为什么我这些天都找不到Hayden？明天我还打算去工厂看看发货情况。"

"他去海南了。"

Viola再问："那合同经理呢？为什么我也找不到她，手机永远没人接。出口到泰国的产品的生产进度得让她告诉我。"

"她也去海南了。"

"出差？！一个合同经理去海南出差？去解决现场问题？他们一起去的？还有谁？"Viola睁大了眼睛。

销售经理中冒出另一个声音："就他们两个人去的。"

我说："具体我们也不清楚……唉，新加坡和迪拜的同事经常找不到她，不是在培训就是在出差，要不就在休假……找不到的时候就来问我……我都像是合同经理的秘书了……"

<u>所以你们看，企业中的大家只是职责和立场不同，其实没有绝对的好坏之分。也许在Hayden的视角里，我才是那个"恶毒女配角"。况且当时我也只是人云亦云，我成了一个八卦甚至是谣言的传播者，这很不可取，正如我在《自律力：做自己的船长》</u>

中所说的，这种行为是给我自己的人生种下了不好的因。剖析我当时这么做的原因，很难说不是源于嫉妒心，眼红当时Factory的好多人可以被Hayden送去参加PMP培训并且拿到资质，眼红那位和我一同进来实习、转正的同事（如今的合同经理），可以被Hayden派往德国总部学习考察一个月……

Viola停下她正在用餐的刀叉，先是没表情地顿了顿，随后泛出一丝尴尬的笑容。

新的中国区营运总监即将于一个月以后到任的消息不胫而走，听说是位"老法师"级别的人物，曾是行业内素有"黄埔军校"之称的另一家大集团的VP（副总裁），人称"Boss Fred"。把那么一个人物挖过来，看来DSA总部想要让中国区业务大幅进步的决心很大。听一名跳槽过来的同事说，他和Fred曾经在一家公司共事，但级别相差很多，他只在企业开大会的时候远远地"眺望"过这位在台上发言的老板。如今得益于DSA中国区目前的规模不大，组织架构相对扁平化，他才有幸能和这位领导"近距离"共事。

Fred到任的第一天，我正巧请假不在公司。同事们开玩笑地说："你可真是史上最牛的助理，老板第一天来上班，你居然不在。"这话说得我有些心慌，素未谋面的Fred到底是什么样风格的领导呢？会因此对我有看法吗？

第二天，我早早地到办公室，才一进门，就看到他已经坐在了那里。我定了定神说："您好，Fred，我是Tong，您的助理，也负责市场部。"他瞥了我一眼，应了声"早"。我尴尬地坐到位置上，打开电脑，开始处理一封封邮件。

"Tong，你有公司和产品的介绍PPT吗？有的话麻烦帮我打印一份。"这是他对我发出第一个指令。这好像没什么难度，PPT我一星期前才更新过，现成的。我马上打出一份放到他桌上。他拿过去一看，眯了眯眼睛，说："可以麻烦你重新打一份吗？一张纸上包含6张Slides（PPT页），字体和图标都太小，我看不清。"第一个任务被无情地打了叉，我心一沉，马上回到计算机前，将版式调整成2张Slides在一张A4纸上，试打一张，请他过目。他微微摇了摇头："2张Slides是OK的，但内容版面相对于这张纸还有放大的余地，你看四周白边那么多，请再调整一下。"第一次见面，他丝毫没有客气。再次被否定的一刹那，我在心里嘟哝着："真纠结，你视力有那么差吗？"但我马上订正了自己，"Tong啊，你怎么可以那么不虚心。他虽然说话直白，不给面子，但要求是合理的。"于是我说了句"抱歉"，再次回到电脑前，重新调整了版面，又试打了一张，递给他过目。这次他才勉强说了句："OK，谢谢你！"

虽然第一次"交锋"让我心里多少有点堵，但可以看得出来，Fred是个对工作很讲究的人，而且确实有一套规范。我反省自己，尽管还算是个细心的人，但没有在大系统中受过训练，不够专业。如今能直接向他汇报，跟着他学习，一定会受益匪浅。遇到严格的领导并非坏事，这也是一种机缘，应该珍惜机会，提升自己的专业素养和综合能力，让自己不断成长和进步。

"Tong，请将上一个财年你做的工作和这个财年你计划做的工作，整理一份文档发给我。"过了几天，他又向我提出新的任务。

Fred对我这个"现成"的助理还很陌生，他以前的下属，包括间接的，至少也有上百个，如今碰到自己的助理还得兼职市场营销工作，并且处理着亚太区的项目，他想搞清楚我的工作范围到底包含哪些。我一时半会儿琢磨不出他要的究竟是什么形式的文档，就傻傻地按照月份，将上一财年和这个财年的主要工作罗列在电子表格里，发邮件给他。

大约过了半个小时，Fred找我，手上拿着打印出来的工作列表，开始一项一项与我交流，听我详细说明每个项目的意思，才缓缓地说："嗯，很好，看来你做了很多工作。既然你负责Marketing，主要工作也在于此，请你将2009年、2010年和2011年的Marketing各项费用明细表做出来发给我，今天之前的支出为实际发生的费用，之后的为预算。谢谢！"

接到这个任务我很诧异，工作将近一年，没有做过市场预算。以前觉得我只是个兵，没有权利去决定公司需要做哪些市场工作，甚至不知道这样一个企业每年花在Marketing上的费用可以有多少。

Fred看到我做的明细表后，问我是否可以空出半个小时时间，与他逐一讨论上面的内容。我忐忑地答应了。

在那半个小时中，他对我所列的每一项内容都提出了质疑，不外乎"为什么要做这个""如何得出需要这些预算"等。从市场调研、媒体广告投放、网站建设与维护、搜索引擎竞价排名、门户网站合作、博客营销、产品介绍会、经销商会议、展会、赞助活动，到销售支持工具……我在他的引导下解答、修正完每一项。自己解释一遍以后，才发现对所做工作的了解，竟达到了前所未有的通透。而与我的这番讨论，让Fred也有基本的收获。最起码，识人不浅的他能看得出我确实做了不少事，态度积极，有不错的思考力和领悟力。

"你知道什么叫Marketing Mix（市场营销组合）吗？"Fred丢出另一个"球"。

还好我接住了："嗯，就是4P，包括Product（产品）、Price（价格）、Place（渠道）和Promotion（促销）。"

"知道Marketing Mix才能称得上是搞Marketing的。不过市场营销学并没有那么简单。你真的对Marketing那么感兴趣吗？"

"是的。我喜欢这块。"

"好，明天我带一本书给你，Kotler和Keller写的《营销管理》，你带回去看。"

我心底隐隐有种兴奋，对于Marketing，我正在慢慢精进。

—— 不焦虑，不虚荣　069

K不合规矩转部门的事仍旧压在我心头，Fred到任后，我的工作任务越来越多，而K对我来说几乎成了摆设。她即将毕业，去向也已确定，我便无心再教她更多东西。何况发生了这样的事情，我却无能为力，往后又该如何建立起自己的威信？无论如何，我打算以此事来试探一下Fred的反应。

"Fred，我们的O-chart（组织架构图）您有吗？"我不想让话题切入得太像告状。

"有的，Antony已经给过我。"

"O-chart需要更新一下，K以后不再属于Field，Hayden已经和她签了劳动合同，下个月正式开始人事行政助理的工作。"

Fred很敏锐："哦？你让她走的？"

"没有。我不知情。以目前的工作量，我需要找一个新的人。"

"你的人与公司签约，你竟然不知情，真妙。"Fred故作惊讶。

"现在的工作量，我恐怕无法兼顾亚太区的市场工作。请问，我可以将此事汇报给Viola，申请以后只负责中国区的Marketing吗？"我故意这么问。

出乎意料，Fred竟然点了头："既然这是在我来之前，Viola暂管时期发生的事，你可以让她知晓。"

有了他的首肯，我当下就把草稿箱里存了两个多星期的邮件发给了Viola。没有任何添油加醋，仅仅是把K的邮件翻译成英文后加了一句话："我恐怕无法继续帮忙亚太其他地区处理市场营销方面的工作了，因为现在连K的职责范围内的事务也得我自己做。"

Viola向来心高气傲，邮件发送没多久，她就给Hayden发送了一封邮件并抄送给Antony。她那么有效率，倒是让我紧张起来。Hayden并不好惹，若不是相信Fred是个明智的好领导，我简直是把自己从暗处拖到明处，还赤裸裸地摆到了"砧板"上。

Hayden用其惯用的狡辩伎俩将一切责任推到小K身上，声称是她理解有误，又打电话埋怨我没有向他核实情况就贸然通知亚太区。电话的最后，他咆哮道："我跟谁签合同需要告诉你吗？她原是汇报给你的又如何？我是总经理！"挂完电话，我不由得慌张起来，便把Hayden的话复述给Fred。Fred的淡定让我体会到"跟对老板是硬道理"。

他说："你作为K的上司，Hayden与你手下的人签劳动合同你知道吗？"

我回答："不知道。"

"你知道你的手下毕业签劳动合同的工资是多少吗？"

"不知道。"

"那不是很清晰了吗？"

我听后茅塞顿开。更欣喜的是，面前的这位新老板确实是一位思路清晰、心胸开阔的人。

相信Viola经过半年多与Hayden的工作接触，纵使没有旁人的煽风点火，也难以容忍他。更何况Hayden还明目张胆地把自己当成了"土皇帝"，这是德国人很难苟同的。事情演变到最后，

K的去留决定权又回到了我手中。其实我并不责怪K，这件事本来就不是尚为大学生的她能够领会和左右的，牺牲她这个箭靶只会显得我心胸狭隘。但如果留下她，是继续留在Field，还是转去Factory呢？对此，Fred只说了一句"这个人你还要吗"。是啊，我为什么不去重新招一个更合适的人呢？至于K，不如做个顺水人情，把这件事化解掉……

Fred新官上任的三把火可不小。第一把，在一个月内召集各地销售经理开会。这个会议带给我很多"第一次"：第一次组织全国销售会议，会议日程、内容、食宿……事无巨细地安排到位；第一次将会议地点定在度假村；第一次安排Team Building（团队建设活动），当时恰逢上海世博会，我便组织大家在会议最后一天参观，还特别在中国馆和德国馆前合了影；第一次以市场专员的身份做Presentation（演讲），还得接受大家的Q&A（问答），主题是Market Introduction and Focuses（市场介绍和重点）。压力越大能量越大，侥幸我发挥得不错……他接下去的两把火，一把烧掉了业绩最差的北区销售经理，另一把是招入了在行业内有20多年资历、被称为"铿锵玫瑰"的安装部负责人。

Fred的到来将大企业的规范一并带入了公司。每位新同事上班的第一天，就要接受入职培训。所以每次收到Announcement后，我就知道我又有为新同事做企业、市场和产品培训的工作了。

作为总监助理，时刻保持敏锐，及时提醒老板可能存在的问题和隐患也是职责所在。也许是一时疏忽，在他发出的新员工培训安排表的邮件里，Fred忘记将邮件最底下他与Antony讨论的某段隐秘内容擦掉，被习惯从下往上看邮件的我发现。这个失误可大可小，必须尽早告诉Fred。可惜当时他正和东区销售经理Bob聊着项目情况，我实在不便打断。因为打断是没有用的，这事只能告诉Fred一个人，所以我得想办法让Bob回避。

Bob做梦都想当营运总监，几乎将野心写在脸上。为了抢业绩，他把手下的人一个一个逼走。别看他表面和我笑嘻嘻，实际上我被他暗算过好多次。记得有一次，我和他与Factory的同事吃饭，中途聊到对Field不利的事，我在桌子底下用脚踢了踢他，暗示他不要多说，没想到他逮住机会向Hayden献媚，大叫了一声："Tong，你干吗踢我啊？！"能够想到我当时有多尴尬吗？真想在地上挖个洞把自己埋了。当时幸亏我脑袋转得快，顺手把双腿上的丝巾往地上一拨，回道："大哥！我的丝巾差点被你踩到啦！"

我必须确保Bob不会察觉到任何异样，以免让Fred陷入麻烦，也不能让多疑的Bob误以为我避开他是因为要说他的是非，以免让自己陷入麻烦。等他们谈完，Bob一出门，我就迫不及待汇报，Fred听罢顿时失色，显出罕有的紧张。由于他刚来，还不习惯公司的邮箱设置，问我有什么办法可以撤回。我按事先想好的方案一一尝试，甚至跑到信息管理部门想办法，终于将邮件彻底删除，以新邮件代替。尽管有些收件人已经显示"已读"，但好在他们并没有留意到最底下的内容。从Fred的神情当中可以看出，他对我此次及时化解危机的举动是感激的。

陆家嘴办公室已无法容纳日益壮大的DSA"Field团队"，于是我们决定另寻新的办公室。最终确定的方案将场地定在徐家汇，办公室的前半部分用作产品展示厅，后半部分则作为办公区，包括总监办公室、员工区、大小会议室、茶水间等。你能相信吗？这次搬家从规划到"监工"，所有环节，都由我全权负责，协助我的只有一名新招的市场助理——Crystal。

装修和布置确实是一项考验细节的工作，丝毫不能马虎。尤其是所提交的方案还要通过严谨的Fred的审批，所以我更加兢兢业业，尽管严格来说，这些并不是我的本职工作。

然而，付出并没有为我带来额外的收入或者表彰，却带来了意外的麻烦。

在办公家具选购期间，我逐一约每家供货商前来面谈，要求他们依据新办公室的格局提供方案、确定家具样式与数量，并给出报价。新办公室处于所在大厦的一层，这样有利于让路人从落地玻璃窗看到我们的展厅。大厦大堂设有一家星巴克，某家供货商前来时，我们便约在了那里交谈。他客气地点了一杯牛奶给我，并热情地抢付了那杯牛奶的钱。聊完，他保持着老实且谦逊的姿态，表达了感谢。回去以后，发了一份大致的方案给我。由于当时正处于比价阶段，我并不想过多耗费各家供货商的精力，所以仅要求提供简单的初稿方案即可。

  基于价格和质量的考量，最终我们选择了另一家供货商。谁料那位供应商像是突然变了一个人，见我不过是一个小姑娘，看着也稚嫩，就连续几天频繁打电话对我进行威胁："我不管，你要是不选择我们，我就找你麻烦。"我第一次遇到这样无赖的行径，着实被吓了一跳，惊觉社会上真的各种各样的人都有，一整天都处于惶恐不安之中。Fred察觉到我神情紧张，询问怎么回事，我如实告诉了他。恰在此时，那人又打来了电话，我急忙对Fred说："你看，他又打过来了。"Fred说道："把电话给我，我来跟他讲。"随后，Fred严肃地回应对方，"我是她老板，供应商的选择流程我全程知晓，你有什么事情？"自那之后，那人便再也没有打电话过来。

  再来，在我们搬进新办公室后的两个星期，Hayden让我将办公家具选供货商的过程依据交给采购部。需要说明的是，并不是我在市场部的工作太闲，还把采购的事情也揽过来做，而是因为当初是为Field办公室进行采购，Hayden扬言公司采购部是不会管的，应该由Field的人自己搞定。于是我才得了这个吃力不讨好的"兼差"。他们的要求也合理，公司采购了那么多办公家具，确实得将依据交采购部备档。我料想Hayden也不会让我太好过，所以采购过程中几轮价格和质量的筛选表格，我都完整保存着。但没想到在充分的依据面前，他居然还是一口咬定其中有猫腻。

Hayden一意孤行,写了邮件给Antony并抄送Fred,说我没有选择他推荐给我的那家价格最低的供货商,不符合采购规矩,需要严查。Fred把邮件内容告诉我,问我当初为什么没有选择价格最低的那家。我这人最受不得冤枉,听到这话,眼泪夺眶而出,说:"我为了装修的事忙得昏天黑地,成果如何您都看到了。选供货商的每一轮资料也都交于您过目。我为什么一定要选用Hayden推荐的供货商?Factory用的那些家具什么质量您也亲眼见过,柜子有些坏得打不开,椅子转两下人就会摔倒……我们既然选在高档办公区办公并开设展厅,每天迎接四方来客,难道还要用劣质的东西?猫腻?那些供货商的联系方式不都已经写在表格里了吗?Hayden怀疑什么就直接开始调查吧!若在仔细分析我提交的资料后,他还要坚持用他推荐的那家,那是不是说明他才有猫腻?"

公司调查以后,清楚证明了我确实受了委屈。Antony回邮件给Hayden,说这次采购是他和Fred双重Approved(批准)的。沉冤得雪,教人好不舒坦。别说在严厉的DS集团,在任何一家公司,贪污受贿的罪名都足够让一个人在行业内留下污点。想想也真够丢脸的——毕竟在公司流眼泪可不符合我在职场中专业人士的形象。

事实上,最后选择的这家供货商的老板在"中标"后,确实曾暗示让我把价格提高一些,事后返好处给我。可是,很不幸,我辜负了Hayden的"期待",因为预料到这次负责办公室装修,Hayden一定会来找碴儿,所以我老老实实地按照质量和价格选择了供货商。

好在当初的我没有接受"好处费",一旦为了贪小便宜而失去底线,人的底线只会越来越低,因为贪欲是会不断滋长的。只有不被贪念和私欲所左右,做事才能坦荡荡,才能在面对各种挑战时问心无愧,从容应对。

不要踏足那些让自己无法回头的路。

在职场上我遇到过形形色色的人,也遭遇过或明或暗的陷害,甚至在很多人面前丢过脸。但那些都是经历,也都是收获。

说"收获",是从帮助我们成长的角度来看的,其实无论善缘还是逆缘,都是修行的机缘。当时我没有这种觉悟,对Hayden讨厌得要死,但换成旁观者的视角来看这段经历,就会看到自己仿佛是个矛盾体。面对同样的人与事,有些人可以淡然自若地专注做自己的事,而我就会比较、会记恨、会报复。事实上,真正受嗔心所困的,是我自己。逆缘如果已经发生,大部分人会选择"以牙还牙"或者"忍气吞声",但尝试学习圣者做出"反人性"的选择,也是一种选择。古今圣贤这种"少数人"会选择的方式,会不会才是打开成功的高级密码?毕竟成功掌握在少数人手中,也就意味着大部分人会做的选择,大概率是不会通往成功的。

《次第花开》一书中说:"忍辱是因为了知事情的缘起[①]、因果,而坦然接受自己的处境,这与怯懦完全不同。忍辱中的勇气也不是来自意志力,而是来自内心的柔软和开放。"孔子也说过"以直报怨,以德报德"。作为一个即将40岁的人,我可以负责任地告诉大家,圣贤之所以被称为圣贤,是因为他们拥有极高的品德和智慧。

　　过去的影视剧女主角多设定为善良单纯的性格,时过境迁,当下的"爽"剧,则是以女主角复仇为看点,而前者成了多数人口中的"白莲花"。其实真实世界中的大多数人处在一种折中的状态,毕竟人的性格不会是非黑即白。不过影视作品的人设,若不融入浓烈的情感或反差,可能难以吸引观众的目光。复仇剧之所以能抓人心神,是因为这就是人们想看的。就像营销号,惯用激化矛盾的方式来吸引流量。我会在"情绪断舍离"篇章中分享自己有关"报复"的例子。不可否认,复仇剧看着能给人带来一种酣畅淋漓的快感,可从本质上讲,它与偶像剧如出一辙——都不现实。

　　首先,聪明和努力,并不一定导向成功。比如你为了一场至关重要的商务谈判,精心筹备了许久,搜集了详尽的资料,制定了周全的策略,将所有可能涉及的细节都反复斟酌演练,可谓做了万全准备。然而,就在即将与那位关键人物见面商讨合同事宜

---

① 佛教用语,指一切存在之法都是由各种因缘而成的。

的前一天，你突然得了重病，不得不住院治疗，错失了这次绝佳的机会。再比如，一位才华横溢且刻苦努力的年轻演员，为了一部心仪已久的大片角色，数月来严格控制饮食、坚持高强度的体能训练，同时深入研读剧本，反复揣摩角色心理，演技也得到了众多业内前辈的认可。可就在试镜的前一天，他在前往排练场地的途中遭遇意外交通事故，腿部受伤，不得不放弃这次难得的试镜机会，而那个角色后来成就了另一位演员的爆红。还比如，一位优等生在高考那天突然拉肚子……况且，有那么多人创业，最后成功的寥寥无几。所以，一个人是否能成功，有聪明的筹划和努力固然重要，但在我看来，更重要的或许是你平时是否有种下成功的种子，用佛学的观点来看就是"积累福报"。

其次，谋划和实施复仇的过程中，不可能因为你曾是受害者，你的算计和报复就能当作"善行"。驱使你的是仇恨，仇恨本身是负面情绪，用负面情绪驱动的复仇行为，会结出"快乐、幸福、美满"的正面果实吗？

最后，被仇恨长期浇灌的心，还能始终秉持着良善吗？这是影视剧才有的设定吧？不妨思考一下，在真实生活里，那些依赖仇恨存活的人，究竟是怎样一副模样。影视剧中"良善的复仇女王"，就和"偶像剧男主角"一样，尽管在剧情设定中看似顺理成章，其实不切实际。

假如我再遇到陷害，我想试着当作是对我心性的考验，当作是练习宽容、忍耐的道场，理解对方并用智慧化解"仇恨"，真

<u>想看看会是什么样的效果。假如再遇到在众人面前丢脸的情况，我想试着放下自我的执着和虚荣，以坦然和谦逊的态度处理，也想看看会有什么样的效果。</u>

　　DSA终于拥有了中国区首个展厅，这无疑是一个里程碑。我们决定举办一场隆重的开幕仪式，邀请DSA亚太区所有成员、DSA的大客户和经销商，以及DSE的各大分公司总经理。当然，活动依然由我来组织。在这个过程中，我和助理Crystal的工作效率被不断磨砺得越来越高。活动当天，宾客们依次走过红毯、签到、留影，接着进行揭幕仪式、享用香槟、参观展厅、参加下午茶派对……一直到晚宴，我沉浸其中，满心欢喜。

　　新办公室，新展厅，带来了新气象！对我来说，这一切更是意义非凡。随着到访的客户越来越多，业绩如同展厅玻璃茶几上寓意节节高的绿植一般，屡创新高。整个Field团队意气风发，对于Factory的质量要求不再妥协，而是强势主导，确保落实。最令人开心的是，新财年发布的第一个任命通知宣布：我被提拔为市场部门的主管。

　　我一直认为，在这个行业里，零售板块最能体现Marketing的功力。2008年的时候，知道有这类型产品的人寥寥无几，然而如今，公司零售的业务量竟然已达到总量的三成。为了增强品牌及产品的认知度，我动足脑筋，不断涌现新的想法，并与Fred进行讨论。Fred则凭借他的智慧和经验悉心引导，让我的想法逐步成熟。英国喜剧大师John Cleese说过："创造力的本质并非什么特殊的天赋，只是愿意冒着说错话或做错事的风险，不断地想参与游戏。"

Fred曾对我讲过两个观点，让我受益匪浅。辞职后的一次见面，我向他提起这两个观点，但他好像忘记曾跟我说过，或许真的是说者无意，听者有心。

其中一个观点是：最深刻的品牌建设就是说好故事。另一个观点是：最好的市场营销不在于突出产品的优势，而是要清楚传递出这样的优势到底能够给客户带去什么益处。比如，一款电子产品，只强调其性能强大、配置高端，可能并不能完全吸引客户。但如果告诉客户，这款产品的高性能可以让他们在处理工作任务时更加高效，节省大量时间；其高端配置能够带来流畅的使用体验，无论是玩游戏还是观看高清视频都不会出现卡顿，让客户在娱乐时更加尽兴。这样客户就能更直观地感受到产品优势给自己带来的实际好处，从而更有可能选择购买这款产品。

大项目虽然数量多，但是执行周期长，资金回笼并没有像零售那么快速。为了发展零售业务，除了最常见的与行业内经销商合作，我们更想尝试从别墅配套设施类高端品牌产品的既有经销商和别墅设计师入手，寻找合作商。

销售渠道的不断细化和补充，为我提供了掌握新经验的契机——学会如何招募、发展和支持经销商。每次开展经销商的深化培训，我都是培训师之一，负责讲解市场现状和前景，公司品牌和架构，产品说明和优势。DS培训学校的其中一课是了解DS的产品线，当需要给新招的MT（管理培训生）进行DSA的产品培训时，他们竟找到了我。更令人欣慰的是，在培训结束后的几天里，我收到了一封学员写的感谢信，这在我的培训经历中是第一次。这对我而言，是在演讲和培训方面获得的重要肯定和莫大鼓励。

收集竞争对手情报和市场数据成了我的一项常态化工作。我认为，市场营销的基础在于知己、知彼、知市场。基于此，针对我们产品相较于竞争产品的优势制定有效的市场活动。

2011年，我在业内推出了一个崭新的Slogan（广告标语），配合全新设计的海报启动了新一轮广告宣传。围绕新的广告主题，除了在各大媒体、网络上宣传报道之外，我们还拍摄了全新的、精致唯美的产品宣传片，这在DS集团中国区是一次全新的尝试。在Fred的指导下，非技术背景的我写了一篇文章，从6个方面剖析产品优势，为那款平面海报广告做了更全面的辅助说明。这篇文章被刊登在业内最权威的一本杂志上，我也成为圈内第一个写技术分析型文章的市场营销人员。<u>——倒不是我有多优秀，主要是因为那个行业太垂直。</u>

在PR（公关）方面，无论是行业内、关联行业、媒体，还是政府机关等，我们都与之维持了良好的关系和顺畅的沟通。几次危机公关事件都处理及时且得当。最紧急的一次情况是，一位客户已经委托他在《新民晚报》工作的学生拟好投诉文章，准备刊发。报社在发稿前致电Fred求证情况。由于该项目的执行和问题发生在Fred到任之前，尽管Fred尽力处理，但还是难以压制客户因问题被拖延两年仍未解决而产生的怒火。

Fred在周末打电话向我说明情况，询问我是否有办法解决。一时间我确实也不知道该怎么做，当时只回答他，给我一些时间想想。事情非常紧急，一旦该投诉文章被新闻报道，那就会迎来铺天盖地的负面消息。我立刻联系了三个可能有途径解决问题的朋友，一个在政府机构，一个在广告圈，另一个在媒体界。算是比较幸运的，广告圈那位朋友正好认识《新民晚报》的主编。

于是，我立刻以公司的名义邀请报社相关人士见面，将事情的缘由阐述清楚，并告知他们，我们会尽力把客户的问题处理好。最终事情得以摆平，稿件被撤掉。我也随同Fred和安装经理一起拜访了客户，向客户赔礼道歉并提供了问题解决方案。这件事惊动了亚太区，在知道事情最终得到解决后，Antony特意发邮件给我，表达了赞赏和祝贺。那时，Viola已经离开了亚太区，因为她解锁了对她而言更重要的新身份——幸福的准妈妈。

在集团内部Communication（传播）方面，我们市场部虽然人少，加上实习生也才三个人，但对于任何能够提高集团范围内DSA在华影响力的工作，我们丝毫不马虎。每当中标大项目，我们会在适当的时机及时发布双语新闻快讯，让各国同事分享喜悦，也让集团高层对我们的这项工作不敢小觑。我们还会精选一部分新闻发布到官方网站，并尝试了"博客营销"，使对内对外的宣传工作都开展得红红火火。

在Sales Support（销售支持）方面，除了传统的销售资料支持，我们还积极寻找更易于销售经理或者经销商业务拓展的销售工具，让产品在客户面前的呈现更加直观易懂。

Hayden在Fred来后变得越发"不理性"，Bob说这叫"领导的领地意识"，如同狮子无法接受有侵犯其权威的对手出现。在公司福利发放方面，Hayden会有意将Field团队"遗忘"，并让Factory的同事保持"低调"。我曾巧妙地获取短信证据，证实两边待遇不公，但当Fred询问我是否愿意公开短信时，我放弃了。不公平已然是事实，应想办法避免这类事情再次发生，而不是出卖提供给我短信的同事。

记得有一年，Factory的所有员工在Hayden的允许下，瞒着Field团队悄悄去了香港旅游。这违背了员工手册的福利原则，同公司员工所受福利不应该有这么大的差别。纸包不住火，没多久这件事就传到了我们耳中，同事们对此皆有不满。经过询问得知确有其事后，Fred实在是哭笑不得，他仿佛理解了这家公司存在的根本性问题在哪里。

那一年年底，Fred在Hayden的强烈反对下，为Field团队首次争取到优秀员工名额。Field团队采取了投票形式，不仅要求写出投给谁，还要写出具体理由。我很荣幸当选为2011年度优秀员工。其实，我很感谢DSA给予我这样的平台，让我在短短三年里，有机会去承担通常需要好几年，甚至更多人手才能完成的任务。这份挑战与机遇并存的工作让我得以不断磨砺心性、实现成长。<u>这也为我之后创业，以及调动有限的资源进行组合、不断创造新资源新机会的能力，打下了基础。</u>

过了一阵子，亚太区总监Antony升职被调到美国，接他位置的是一个德国人，Darnell。这位年轻的先生完全是个新手，没有管理经验，不了解中国市场，不了解产品……Fred觉得如果不能将一个企业做大做强，那么再待下去的意义不大。于是他接了一个更好的offer，跳槽了。

我也真够沉得住气的，Fred走后，Field群龙无首，我继续在DSA待了将近半年。抵御Factory的不断挑衅、反击Bob勾结Hayden的阳奉阴违、捍卫Field团队应有的权益……这并不是我有多厉害，若不是有Darnell的"撑腰"，我这个主管早就被挤出局了。

Darnell努力稳住我不让我离开，原因大概是我既是营运总监助理，又是市场部门主管。如今营运总监空缺，要是我也走了，很多业务会衔接不上，而且市场部是我一手建立，这块业务领域在中国区的行业内也是新的。还有一个层面他可能没有想到，那就是"平衡"。原先Factory和Field互相牵制，如今Fred走了，Hayden倚老卖老，在Fred来之前他连Antony都不放在眼里，更别说这个初来乍到的年轻总监了。

其实这位亚太区新总监虽然没有管理经验，但也挺可爱的，而且积极地想做出成绩。

有一天，Darnell到办公室，一脸兴奋地跟我说："Hi, Tong, 我觉得我们可以做出租车后座的视频广告。"

我淡淡的回答扫了他的热情："谢谢老板，出租车后座的视频广告也许是个不错的营销手段，不过恐怕不适合我们的产品。"

"为什么？我今天坐出租车就看到BVLGARI（宝格丽）、Estée Lauder（雅诗兰黛）这些很好的牌子在做广告。"

"您知道，月薪一万的人能买得起BVLGARI、Estée Lauder的化妆品，但是未必买得起我们的产品，这是其一。其二，我们的客户很少坐出租车，他们几乎都有车或者司机。"

"我就会坐出租车啊。"他不以为然。

"但您是暂住在这里，不是长期居住在这里。我们的客户至少在当地有两层楼以上的房产,有房产并且会用到我们的产品,表明他们是长期居住在这里的,那很大概率就有车。当然偶尔也会坐出租车,但为了那么小的收看率去花那么大笔的广告费,值得吗?"我一边说着,一边把计算机屏幕上搜到的信息展示给他看,"您看,现在乘客对这类广告的态度是这样的,政府的提案是这样的,一个月的广告费是这样的。就算谈成后,打个折扣,广告费也不便宜。"

他愣了一下,回了句"请忘记我刚才的话",便走进了会议室。

还有一次,新一批的来自全球各地的集团高层来开会,进行第一次中国区考察。Darnell先陪同他们去走访项目,说是下午才会进办公室。我突然接到他的电话通知:"Tong,我们还有20分钟就到,你第一个做汇报。"

"可是,Agenda(会议日程)上面根本就没有写要我讲啊,而且都没有人跟我说过要参加会议。"

"没关系,你就讲我们市场营销部做了哪些工作。"

我在心里对他的行为感到十分无语。我花了20分钟,找到最近做过的汇报PPT,修改到最新版本。领导们来了,我第一个做分享,面对领导们一个接一个的提问,见招拆招,中途还不忘给Darnell挣面子。到最后,新任的全球CEO说了句"Bravo!Very impressive!"(很好!令人印象深刻!)Darnell这才放开了紧绷的双颊,欢乐地笑着,那模样俨然就是个大男孩儿……

唯一不变的，就是"变化"。一切都已不同。入职DSA时还满怀信心的职业理想也仿佛再无实现的可能。每天应对的不是振奋人心的挑战，而是无聊的职场政治。

C'est la vie!（这就是人生啊！）人生是无常变幻的，现实中没有一种状态会处于永恒。那些人、事、物，不可能"只如初见"。缘聚，我们相遇，缘散，我们别离。好在，我们始终在找寻生活的意义，然后明白事业仅仅是人生的一部分。

在Factory里，我还认识一个曾经对事业梦想有所追求的男生。在一个偶然的机会里，他告诉我："唉……我知道在不知不觉中，自己已经被Factory的'文化'以及Hayden的理念耽误了大好年华。和许多大学同学聚会交流时，发现在见识、观念以及能力方面，我和他们已经有了差距。即便和你在同一公司，也远比不上在Field的你所获得的进步。大学毕业那会儿，我也有梦想。当发觉自己落后于人时，我也有过懊恼，我也曾悄悄出去寻找过别的机会……可是，我是男人，我有女朋友，我们会结婚，会有买房养家的压力。而Hayden为了向德国总部展示Factory人员很稳定，以便他能安稳退休，确实也能给我们许多诱人的好处，所以我下不了决心离开……"

有时候，令人不敢前行的，不仅是对前方未知的恐惧，还有无法割舍掉的，那蜜一般的眼前利益。可是利益会持久吗？其实我们都知道答案。然后，我们又要以什么样的姿态去面对突然而至的变化？

要说明的是，个人选择问题其实谈不上优劣，因人而异罢了。并不是我的选择就一定值得参考，而别人的选择一定不明智。我们都只是受限于自己的认知而做出了决定。

我决定离开我的第一份工作。Darnell几乎在同一天收到我和Crystal的辞职信，他先是找我谈了3个多小时，隔天又找Crystal谈了1个多小时，还是没能把我们留住。我为自己做决定，其实并无过错。但煽动助理一起辞职，对公司来说确实算不上厚道。学习智慧文化以前，我总是基于习气①，被个人的感受和情绪驱动着去做事，未能以更成熟和善良的方式处理问题。要知道，阴谋阳谋，都是造作②，唯有真诚能穿透时间。

看着办公室里那些亲手打造的角角落落，回想起曾经的职场时光，我明白没有什么是长久的、不会改变的，但练就的本事是自己的。那些曾经熬过的夜、加过的班、付出的努力，都化作了自身的经验与能力。在不断变化的职场中，职位可能会变动，团队可能会重组，公司也可能会面临各种挑战，但自身所拥有的经验与能力，才能让自己在任何时候，都拥有重新出发的勇气和底气。

---

① 佛教用语，指烦恼残余形成的惯性作用。
② 佛教用语，指一切有意识、有目的的行为或现象。

工作中有很多需要断舍离的，比如曾经的荣耀与成就，也比如一时的挫折与困境。还要学会不去喂养这些"心"：虚荣心、攀比心、强烈的好胜心和得失心、粗心、贪心……因为这些也是真正融入我们体内的东西。其实它们才是我们前进路上真正的阻碍，而不是那些暂时与我们立场不同的人们。

客观地看待自己和别人，平心而论，每个人都有自己的优点和不足。我曾经对自己比较肯定的一点是，即便我如此讨厌Bob，但我也从他身上看到了优点，即那种销售人员所具有的企图心和沟通能力。然而，过去的我并没有将这个品质长久地保持下去，而是受主观的好恶影响，给他们贴上了"坏人"的标签。其实，在每个阶段，我们都应该专注于自身，拥有一颗强大而稳定的心，就不会被外界影响。

离开DSA后，我去度假。几个月后被召回到DSE任职，上司是Fred，没错，就是那位Fred，彼时他正担任DSE集团中国区的战略发展总经理。战略发展部有点像CEO的幕僚部门，我在其中负责制定几乎所有销售相关政策，设定业务指标，参与集团战略发展项目的分析和规划，及负责DSE旗下一个新品牌的品牌建设。

集团在中国区有一万名员工，我隶属于总部，平时打交道最多的是企业的高阶管理层，这就如同把我置身于一个精英汇聚的营地，接受着潜移默化的熏陶和密集的训练。我所从事的工作也是最能深入了解企业运作的事务。这无疑是一个非常棒的机会：

在出色的团队中，向卓越的领导学习，与优秀的同事共事。在这里，我接受到的培训不仅来自集团的"种子精英校园"，还有日常工作的方方面面。

两三年后，我大约28岁，我决定去进修MBA。当时是希望在30岁到来之前，能将自己各方面都修炼得再好一些，也想趁这几年时光，去更多的地方，做更多的尝试。因为觉得哪怕跌倒，也还有时间和机会可以爬起来。不是得到，就是学到，都是财富。记得那时我还有句"名言"——现在早就没有龟兔赛跑这件事了，兔子都是和兔子赛跑的。如果每只兔子都拼命跑，那乌龟就不可能有机会赢。

于是，我带着一路学到的东西，走上了新征程。

人生就是一场不断选择和成长的旅程。"断舍离"的底层逻辑是：懂得选择，以及是否拥有"选择权"，然后，做选择。

放弃凡事追求十全十美的强迫症

学习和成长是一个持续的过程,我们要珍惜时间、勤于阅读,着重于提升自己的能力、心态、智慧和心性。

巴菲特作为伯克希尔·哈撒韦董事长、全球著名投资商,认为终身学习是成功的关键,他与伙伴查理·芒格都擅长终身学习,并从优秀朋友身上汲取智慧。查理·芒格曾说:"我这辈子遇到的聪明人没有一个不是每天阅读的,一个都没有。"

任正非,带领华为从一家小公司发展成为全球领先的通信技术企业,非常注重技术创新和人才培养。华为公司一直倡导员工不断学习,提升自己的能力和素质,以适应不断变化的市场环境。任正非自己也是一个热爱学习的人，他不断学习先进的管理理念和技术知识，为华为的发展提供了强大的智力支持。他曾说："资源是会枯竭的，唯有文化才能生生不息。"

俞敏洪，新东方创始人，一直鼓励年轻人多读书、多学习。他建议大家每年可以抽时间读30本书，相当于每个月读两本书。他还说："朋友可能会出卖你，但是书本不会出卖你。"他认为自己能坚持把新东方做到现在，其实和他的阅读习惯有很大关系。"如果读了哲学书、历史书、人文社科书、心理学的书，或多或少都会影响我们的知识体系、思想体系，甚至是思考范式。我们也并不知道这些知识存储在大脑什么地方，但当面临某个问题需要决策时，我们就会有意无意地调动脑中的知识，自然而然地应用起来。""书就是在我们心中种下了一颗又一颗思想的、价值的、眼光的、胸怀的、判断力的种子，我们不知道这些种子什么时候会被调取出来，但当我们在关键时刻能使用上，就会改变人生。"

李嘉诚曾公开讲述他的故事："我12岁就开始做学徒，还不到15岁就挑起一家人的生活担子，从此没有接受正规的教育，当时的我非常清楚，努力工作和求取知识才是我唯一的出路，我有一点钱就去买书，将知识都记在脑子里了，才去换另外一本看。至今每天晚上在我睡觉之前，我还是一定得看书。知识并不能决定你一生有财富增加，但是你的机会会更加多。创造机会才是最好的途径。"他还说,他自年轻时开始,晚上睡觉前一定要看半小时的新书,文、史、哲、科技、经济类的书他都读,但不读小说。

其实他们都提到了一个很重要的信息——知识增加机缘。我在《自律力:做自己的船长》一书中反复传递了智慧文化中所说的"因缘和合[①]"的理念,也就是说,如果你命中曾播下过收获财富的种子,那么知识是其中一个"缘",它会帮助你触发获得财富的条件。

以前有个采访问我,怎么让自己进步。我回答:"阅读是性价比最高的修炼途径。"

佛学经典中有这样两句话:"多闻能知法,多闻能远恶,多闻舍无义,多闻得涅槃。""多闻令志明,已明智慧增。"说的是多看、多听、多学习的重要性。

初中是我看课外书最多的时期。几乎将所有零花钱用在买书、借书上,那时候广泛涉猎各种书刊,《读者》《微型小说选刊》《北方作家》《萌芽》差不多每一期都读,也爱看《红楼梦》《钢铁是怎样炼成的》等经典名著,以及众多文豪的作品。阅读如同在知识的森林中探索,不断开阔视野。我们可以通过阅

[①] 佛教用语,指一切现象均由特定条件暂时聚合形成,并随条件消散而改变。

读不同的文字,锻炼自己对语言的感悟力,更好地理解他人的表达和思想。那时我几乎看完了作家刘墉的书,在中学对面的小型借书店里看完了全部的《名侦探柯南》……看书总归是胜于不看的。我们在阅读过程中,能够培养对那些素未谋面的作者的表达、逻辑和立意的理解能力。言情小说不在我的书单里,至于理由,我将在讲"情感断舍离"的章节中说明。

其实我是想拿"阅读一本书"来类比"修炼"。我们常说:"书要先越读越厚,再越读越薄。"这是指刚开始阅读时,要勤于查疑解惑、标注笔记,积累知识、补充细节,一本薄薄的书因此变得松厚,这叫越读越厚。而随着书里的知识内化,我们可以精练出其要义,那就是越读越薄了。修炼也是如此,以修炼武功为例,你精通了武功招数,在实战时,必定不会将所有动作都做一遍,而是会用最有力且有效率的打法精准攻击。这叫作深入浅出。我们在人生的修炼过程中,既要不断学习和积累,也要学会提炼和总结,以达到更高的境界。

我曾开玩笑地说:"我一直没有大家想象中那么忙,这到底是大家的问题,还是我的问题?"其实这是有没有做好时间管理、精力管理的问题,比如我不打游戏、不看泡沫剧、不阅言情小说……我的时间是有余量的,工作之余,我还可以好好学习圣贤智慧文化,修心、修行。

时间管理和阅读有共通之处：随着你对自身越来越了解，你不会像一开始那样什么都学，而是在使"短板"不短的基础上，让"长板"更长。正如部分企业在招聘特定人才时，例如管理培训生，在他们正式进入固定岗位之前，往往会安排轮岗：在各部门待一段时间后，再根据其特长和兴趣，安排到合适的部门和职位正式上岗，开始有方向地长期培养。当我们更加认识自己，便更懂得发挥自己的优势，从而提高时间和精力的利用效率。

"多闻"或是轮岗的过程，是做加法。确定方向，舍弃不适合自己的工作、途径、方法，是做减法。在"专"的基础上"精修"。我们要懂得取舍，明确自己的目标，不断提升自己的专业能力。

拿"修炼"来说，虽然讲究"多闻"，但落实到实修，还是得选定一门深入，不能到处攀缘。

我的人生真正发生"质"的改变，是我开始学习智慧文化后。如果说过往的阅读和学习，让我增加了技能，那么智慧文化是让我的价值观和心态得到了重塑。

那是2021年的夏天，我正处于一种莫名的低落状态——这种低落并非源于特定事件。彼时，一位朋友发来一张海报，上面写着"企业家静修营"，地点在离上海很近的苏州西园寺，且全程免费。冲着这份免费的契机，我心想，不妨前往寺庙放松几天。

在那三天两夜的静修营里，我仿若一个局外人，始终游离于状况之外。讲座时，我常自顾自地走向义工们准备点心的区域，喝喝茶、吃吃点心。现在回想起来，我当时真的属于浑浑噩噩的状态，却又自以为活得通透明白，所谓"不知道自己不知道"。那时是"不知道自己不知道，以为自己知道"，现在至少是"知道自己'不知道自己不知道'"。这两者之间其实有一条认知的鸿沟。因为只有到达后者的时候，才会意识到之前的状态。

静修营的第二天，在寺庙斋堂门口发生的一件事触动了我。西园寺的斋堂叫"五观堂"。临近用餐时间，我们有序地跟着义工在五观堂门口排队，进了五观堂之后需要"止语"，就是保持静默。那时，我手中握着一团纸巾，已记不清是擤过鼻涕还是擦拭过其他东西，即将轮到我进入时，我眼神慌乱地寻找垃圾桶，不知道怎么处置这团纸巾。我问站在五观堂门口的一位义工："请问这个丢哪儿？"她居然非常自然地伸出手，轻声说道："给我吧。"当时的我大为震撼——世界上居然有这样的人！再说，那不是企业家静修营吗？我在商业圈中没见到过这样脾性的人。当时我的大脑里闪过一个念头：如果我学这个，是否也能变成她这样，恬淡从容，不自私、不计较？

整整三天的静修营，我虽大多时候听讲座都心不在焉，但在最后一天，听闻有针对企业家持续进修智慧文化的公益课程，且

—— 不焦虑，不虚荣　097

永远免费，便又鬼使神差地扫了报名二维码。当时的我，抱着类似参加MBA课程可拓展人脉的世俗心态，未及深思便决定参与。

不久后，课程体验期开始，时长约三个月。课程从"心灵创造幸福"讲起，其中"两支毒箭"的故事令我印象深刻。故事大致是说，若有一个人骂你，这对你造成的伤害如同第一支毒箭，是一种客观伤害；而若你一直对此事耿耿于怀，持续生气多日甚至数月，那后续的愤怒情绪便是第二支毒箭，因为骂你的行为早已结束，这份持续的愤怒却在不断地自我伤害……

这三个月的体验让我受益匪浅。体验期满，我参加了面试，随后正式开启了学习之旅。

自正式上课以来，我几乎每个礼拜都能感受到自身的转变。随着时间的推移，量变引发质变，虽记不清具体是什么时候，但在某个瞬间，我明显察觉到自己收获了更大的进步与更多的感悟，内心不禁感慨，若能更早接触智慧文化该多好。如果说MBA的课程价值50万，且要真金白银地掏出去，那这课程在我看来价值千万都不为过，可它连一分钱都不收，它需要的是我们真心学，修得智慧和慈悲。一路走来，我满心感恩，从最初的懵懂游离，到逐渐深入学习后的不断成长，这宛如一场心灵之旅，让我的认知有了翻天覆地的变化，也带给我事业、家庭、财富等全方位的正向改变。

时间管理的门道之一是"断舍离"。我们得学会做减法，从繁杂的信息和耗神的人际关系中解脱出来，学会放下那些不必要的负担，专注于重要的事情，让生命发光发热。

不仅是人，企业也是如此。企业发展到一定程度，资源、人手和钱，都是有限的。很多企业发展的瓶颈，不是在于不知道要选择做什么，而是在于不知道要选择"不做什么"。这是一种决策能力，关乎能否让资源得到有效配置。

企业在发展过程中，要明确自己的核心竞争力，合理分配资源，做出明智的决策。什么都想做，什么都做不到位，迟早会被拖垮。我们公司成立六年多，外部环境每年都在变化，从网红直播热潮，到区块链技术的兴起，再到元宇宙概念的火爆，直至如今的AIGC（人工智能生成内容）浪潮。其间有非常多人来找我们，希望能在这些方向与我们合作。但我们一直有所取舍，任他们将合作方案说得天花乱坠，我们仍坚持"舍"，并且始终依托于我们的基本面，即30万版权音乐配乐曲库的优势，逐步构建并拓展业务生态。我曾说："一般而言，我只做三步就可以看到钱的项目，否则不感兴趣。"这主要是为了婉拒那些试图用虚无缥缈的收益来说服我们合作的人。

也许有人会说："都做不是更好吗？鸡蛋不放在一个篮子里，什么都沾一点才能增加胜算。"很遗憾，不是的，因为时间是有成本的。当完成A需要一个小时，完成B需要一个小时，而你只有一个小时的时候，你只能选择做A或者B。当A更符合你的兴趣或者能够带给你更多价值和愉悦时，你选择A，放弃B，这叫作"机会成本"——你因为选择了机会A，同时失去了机会B。

现实表明，要成功，处处都有"取舍"的学问。"鸡蛋不放在同一个篮子里"的前提是你有不止一颗鸡蛋，也就是你有充足的时间、精力、能力、资源和钱。否则就好好地思考要把唯一那颗鸡蛋放到哪个篮子里。而让自己拥有更多鸡蛋可以用来分配，就是建立自身竞争力的过程，使自己不断拥有"选择权"。

舍弃无用思考，减少九成工作量。

对事，放弃"一定要万无一失"的强迫症。"Don't be excellent"（不要优秀），不是让大家不要成为优秀的人。而是指，在工作中，不要花双倍或者三倍的时间去追求"A+"，因为你追求完美花掉的时间，已经足够你将三件事情完成到"A"了，这里讲的是一个时间成本的问题。还有一个理由是，要知道，老板的要求往往是没有上限的，比如今天他让你在一天时间里完成一件你需要两天时间完成的任务，如果你想表现一下，连喝口水的时间都没有，争取在半天内达成了，那么明天，他很有可能把时间缩短到半天，最后把你逼死的不是老板而是你自己。相反地，如果你按照他的要求，恰巧在一天时间内完成，那么一方面你达到了老板的要求，另一方面，下次你在7小时内完成了类似的任务后，反而能得到老板的肯定。我们要学会合理安排时间和任务，戒掉过分追求完美的"强迫症"和"表现欲"，以给自己的时间和精力增加弹性。当然，艺术创作不在我说的这个"工作"范围内，艺术创作是另一个维度的事，另当别论。

对人，在智慧和心性没有修炼到一定程度前，不要和秉持邪见的人交往，不要和消耗你的人在一起，不要在那些显然无法契合的人身上浪费时间。不靠谱的人，不叫人脉，把与他们周旋的时间精力省下来，花在守信的人身上，与诚实的人交往，向智慧仁德的人学习。查理·芒格说过，"人生中重要的一课，就是要远离有毒的人和事"，以及"如果知道我会死在哪里，那我将永远不去那个地方。和坏人打交道，做成一笔好生意，这样的事，我从来没见过"。

这已经是老生常谈的话题。在企业发展过程中，那些"不合适的人"，不论是合伙人还是员工，都应果断处理。选择合作前，要谨慎；决定舍弃时，要果断。断尾求生虽痛，却是必要的选择。

另外，放开"希望别人懂你"的执念。我本人早就接受了现实——哪怕这世界上大部分人无法与我思维同频，也不执着于他人的理解和认同。时间和精力真的有限，我们只能把关注点放在真正值得关心的事情上。

当我们不再对事态的发展做设定，不再对别人与我们的关系做设定,才能以平和的心态面对可能发生的一切,不会因为事情偏离预期而焦虑沮丧,也不会因他人态度的转变而患得患失。那才是真正的洒脱。

第二部分 情绪断舍离

—— 不纠结，不抱怨

letting go

别让坏情绪，赶走好运气。

管住你的"真性情",那只是坏脾气

淡定,就是有时候你得把一切当作风景看。

终于写到"情绪断舍离",我对此有丰富的心得和实践。上一节说到的"两支毒箭"的故事之所以让我受益良多,是因为我以前深受其害——怒气一上来,根本收不住,事后还会反复回想那些生气的事,越想越生气。如果和人吵架,事后还会"复盘",当时要是这么反击回去就好了。又如果别人的言论戳中我的"雷点",或者欺骗了我,我也会很生气,恨不得扇回去。

十多年前,身处职场的我,每日面临繁多事务,压力与焦急都压抑在心里,相当情绪化,哭和笑,沮丧和愤怒都写在脸上。

嫌同事笨，时不时想翻白眼；嫌供应商笨，骂他"到底有没有理解能力"；甚至和上司相处也会因一言不合而口不择言。我庆幸当初的老板是个惜才的人，只要将每件任务完成得漂亮，他也愿意对我的坏脾气"睁一只眼闭一只眼"。那时的我意识到自己脾气或许不太好，仅仅是"或许"而已，丝毫未曾察觉自身还存在其他问题。尤其是那个时期，"毒舌"与"犀利"似乎都算不上是纯粹的贬义词。虽说每次发完火后，内心会隐隐感到不安，但也马上安慰自己："反正我又没有错，错在对方不能理解……"倘若那时我便能懂得反思，意识到自己的坏脾气虽然是因为想要将事情做好，但难道我真的一点问题都没有吗？不，如今再看，我的问题可大了。

坏脾气一直延续到后来我自己开公司，遇到一些对简单概念都不了解的客户，我也会没有耐心。我不理解对方怎么连这么基础的东西都不知道，如果碰巧对方自以为是、对我的公司随意评价，我的怒火会瞬间"点燃"，然后直接送客。我当时安慰自己，"不契合"就意味着没有"缘"，于是错过了很多赚钱机会。确实，命运若是顺着我原本的性格发展下来，确实将与这些机会"无缘"，这恰恰反映出那个性格的我就是赚不到那些机会的钱。可我们不是一心想要改变命运吗？既然如此，那当然得把性格中的缺点改正啊。

而且，当我无法控制自己的愤怒时，我会耿耿于怀，并向朋友"吐槽"。所以,瞧,当我成为愤怒的奴隶时,那些积阴德的事情可谓一件没干。怪不得智者说"火烧功德林",这个"火",就是怒火,嗔恨之火。火越大,烧得越快。

我曾经确实有点睚眦必报,这不能简单定性为天蝎座的特质。遥想以前在大学的时候,同宿舍的一名女生边刷着牙边抖动着腿,对我说:"其实我觉得你并不好看啊,怎么居然还有男生会喜欢你呢?"想到要和她同宿舍相处四年,我强忍着内心的不爽,试图用笑声化解尴尬,礼貌地回应:"不知道啊,可能觉得我有趣吧……"和她相处的两年,是我最讨厌宿舍生活的两年。我不得不忍受她把闹钟定在早上4点半,因为她说第二天要早起背英文,但每次闹钟把所有人吵醒后她却不起床;我不得不忍受熄灯后,当我踩着小梯子想爬到上铺睡觉,她会突然坐起来用手机照着自己的脸,吓得我差点滚下去;我不得不忍受,她随时吐露出来的,对我和我喜欢的女明星的嘲笑……我用了"忍受"这个词,说明当时的我非常痛苦。

这些忍受的情绪一直在堆积,脑中不断回放那些让我讨厌的场景,也许大脑还会不自觉地对她的表情和语气添油加醋,于是我越来越讨厌她,越来越不想和她相处。忍到第二年,我决定还击。当她的闹钟把所有人吵醒后,我乖乖起床,爬下梯子,刷牙洗脸,准备出门。出门前,我特意走到她床下,用手抓住她的床沿,使劲地摇晃,知道她不敢翻身只能继续装睡,我摇了好几分钟才放手,然后若无其事地出了门。晚上爬梯子时,我时刻保持警惕，防备她随时跃身坐起。她一动，我就"啊！"的一声假装被她吓到，听到我冲她大叫，她反而吓得不轻。后面因为分了专业，宿舍重新分配。在她搬离宿舍的那一天，我漫不经心地转过头看着她，说："你知道吗？我朋友和她们寝室所有人都觉得你，很，丑！"说完，留她一个人愣在椅子上，我转身出了门……

这仿佛复仇剧一般的还击，或许会让很多观众拍手称快。但现实不是电视剧。现实是多视角的。我眼中的别人是"绿茶"（网络流行语，形容外表单纯内心复杂的人），别人眼中的我又如何呢？也许我才是那个又丑又嘴毒的"反派女二号"。很可能她在主观意愿上，确实想在4点半起床背英文，也可能根本没意识到自己晚间拿着手机说话的样子会吓到人……写下这个事例的时候，我猛地想到一种可能，一种我从来没有想到过的可能。我曾因为嫉妒同宿舍另一个女生漂亮聪明，而在背后说过她的坏话。有没有一种可能：她俩关系好，她只是替她出头才会对我说出那样的话呢？记忆已经模糊，因缘错综复杂。无从考究，不得而知。但我想从这种思考中，让大家看到：我们所看到的、听到的、自以为的，并不全面。好或坏的行为是根据这些不全面的信息而做出的。

先从世俗层面来说，每次发完火后的感受是什么？我的答案是既松快又懊恼。松快只是一时的，懊恼却不一定。遇到豁达的人，尽管对方不介怀，但我也忍不住反省自己的"不客气"是否伤害到了他。遇到记仇的人，那就是埋下了"介意"的种子，力的作用是相互的，对方对我的不满最终也会反过来影响到我。

在职场工作时，我曾用很多方法控制自己的情绪，但效果并不持久，最终以失败告终。比如在电脑桌面上标注"CALM"（平静），比如让同事在我即将发作的时候掐一下我的胳膊……可火气真的上来时，想压下去并不容易。我也会想，为什么我会易怒？以工作为例：因为对事情太过重视，总想把它们做好，压力太大。

那么，我为什么会重视这些事？因为我觉得这些事很重要。

然而，这些事真的重要吗？

其实很多事并不重要。当下觉得如果不做好，天就会塌下来似的。可每次事后回顾，发现可能只是自己把它看得太重了。

问题带来情绪，可情绪解决不了问题。

过去我也尝试过，给自己放两个星期的假去旅行。回来以后，旅行中的所见所闻让我发现天高海阔，世界远不止眼前的方寸之地。其他城市的生活节奏也不像上海那么快。我惊觉自己差点忘记生活中真正的快乐是什么。在澳大利亚，有些人一辈子的梦想可能就是拥有一艘属于自己的船，能出海，静看夕阳西下；在北欧，人们就是喜欢无所事事地晒着太阳。而我之所以容易陷入负面情绪，钻牛角尖，是因为自己的世界太小了，心胸不够开阔。旅行确实能给人帮助，因为见识过世间多样的生活形态，人就不会那么容易故步自封，狭隘短视。

我还试过看 *Discovery*（《探索频道》）来调整心态，讲述的是星球、星际方面的内容。当看到太阳系相较于整个银河系是那么小，地球相较于整个太阳系是那么小，亚洲相较于整个地球又是那么小时，我不禁会想：人于整个宇宙而言，只怕渺小到连尘埃都不算。那么，人的烦恼还算什么呢？当视野足够大，情绪就微不足道。

这些方法确实在短时间内有用，但回到现实生活与职场中，面对那些"真实"的"对境[①]"，我又原形毕露，仍是"一点就着"。就仿佛，我在深山里，面对着鸟、树和花，当下我以为我原谅了全世界，可回到世俗中，面对讨厌的人和事，我又会生起嗔怒之火。

后来仔细想想，还是因为自己太容易陷入"想法和情绪"里才会这样。所以，我需要的不是治标，而是治本，需要从"心"入手，而不是借助外力压制。

自从学习智慧文化以后，用正见重新审视自己，我便找到了

[①] 佛教用语，指众生之心在面对外界各种环境时所产生的反应和状态。

治本的方法。首先，我认识到嗔怒的危害。所谓"一念嗔心起，百万障门开"，当怒火中烧时，人是缺乏理智的。所以我们常说，吵架时说的话不能当真，因为人生气时，为了激怒对方，什么话都能说出口。如果说建成一座美丽的城市要靠一代又一代人的努力，那么毁掉一座城，只用一颗原子弹就能瞬间做到。嗔怒的力量就是这么大，甚至更大。愤怒的情绪只会毁己害人。

小时候看电视剧《天龙八部》，阿朱被误杀的情节令众多观众深感惋惜。那时我心中便存有一个疑问：外人未能察觉异样尚情有可原，然而，深爱阿朱的乔峰为什么会完全看不出阿朱的异样，看不出面前的"段王爷"实则是阿朱呢？学习智慧文化以后，我突然想通了，那是因为乔峰被嗔恨蒙蔽了双眼啊。不然怎么会错判仇人，又怎么会连最心爱的人都辨识不出？纵使是一代大侠，在嗔恨心的操控下，也难以维持最基本的理智。

天龙八部，原是指天、龙、夜叉、乾闼婆、阿修罗、迦楼罗、紧那罗、摩睺罗伽八类佛教护法神。金庸小说《天龙八部》，通过众多人物和情节，揭示了贪嗔痴给人带来的痛苦和灾难。作为观众的我们可能觉得江湖儿女的爱恨情仇看得很过瘾，但我们是旁观者，不是书中人，我们只是"站着说话不腰疼"的看官，书中人物却深陷无尽的纷争和烦恼之中，无法自拔。

智慧文化中说到培植福田，最重要的有三种"田"：恩田、悲田、敬田。恩田，指对有恩于我们的一切，比如父母、师长、国家、众生，都要怀着感恩的心去报答。悲田，就是从慈悲心出发，尽自己所能去利他。敬田，就是恭敬一切应当恭敬的人，尤其是圣者。如果悉心播种这三块田地，就会滋长大量福报。反之，如果用嗔恨心面对这三块田地，那么罪过也是相当大的。

嗔怒还会给自己带来身心的双重损害。全球著名的智者宗萨说："没有人会烧一锅水来烫自己，可是心怀恨意，就如同在心底煮一锅水，自灼自伤，本质上就是在伤害自己。"

知道了"生气"带来的过患，再来思考"不生气"带来的利益。当我情绪平和，其实就是让痛苦止于"第一支毒箭"，我不会再用幻想给"第二支毒箭"燃料，那和在箭上抹上层层毒药插在自己心口，没什么区别。若是不生气，止于第一支毒箭，有什么利益？伤口自然好得快啊！

我在系统学习智慧文化时，学到一篇文章叫《如何面对逆境》，里面提到的观点，深深打动我。

第一个观点是"不接纳，痛苦的放大器"，文章清晰地剖析了痛苦得以放大的两个根本原因：

一是人生不如意事十之八九。你或者我，不是唯一在遭受不如意的人。面对不如意，有些人一笑而过，有些人一蹶不振。所以，面对逆境的态度，人各有异。

二是为什么有些人会痛苦绝望？原因是当事人的不接纳。当逆境发生时，我们的内心往往会产生抵触的情绪。甚至会暗自认为："像我这么好的人，所有天灾人祸可以发生在别人身上，但不应该发生在我身上。"这句话直白犀利，直戳内心。读书会上大家讨论到这句话，有学长让大家举例子，通过一个一个事例，大家发现"无法接纳变化"是因为我们内心有设定，我们虽然认可"世事无常"，但我们都暗暗觉得自己的身体应该永远健康，我的家人朋友应该永远爱我，我的事业应该永远稳定或者持续进步。我当时想到一个例子，自认为可以反驳这个观点，我说道："可是看到家暴的新闻，这样的逆境，我虽然觉得不应该发生在我身上，但也不希望发生在别人身上。"然后，学长的一个反问，让在座的大家陷入思考："你看到新闻上那位女士遭受家暴，感到悲愤同情。确实，这种事不论发生在自己还是别人身上，大家都会觉得无法接受。那么，如果遭受家暴的是那位先家暴别人的先生呢？也就是说，他家暴自己妻子后，也被同样暴打。你们会觉得这也是不该发生的吗？还是觉得以暴制暴有点爽？"确实，回归到原本讨论的问题，我们认为自己、那些我们认为的好人以及弱者是不应该遭遇逆境的，而坏人是可以的。也就是说，世界中的我、好人、坏人都会遭受痛苦，这是无常，这是事实。但我们对自己和自己认可的人有"恒常"的设定，不接纳无常的发生，比如我们的亲戚突然失业，我们会感到惋惜；你的好友失恋，你心疼她，骂一句"告别渣男"。当我们自己或是亲密的家人失业或者失恋，则是更加不接纳、抵触、感到天崩地裂。退一万步说，罪犯的母亲可能觉得她儿子的欺骗、暴力、杀害行为都情有可原，若他被抓捕判刑，于其母亲而言则是无法接受的痛苦。

文章中写道："有了这份恒常的设定，我们还会执着于此，进而形成依赖，不希望它有任何变化。因为变化就意味着失去依赖，意味着现有的平衡被打破。所以，一旦生活中出现不如意，就会因抗拒引发焦虑、不安、恐惧，甚至嗔恨、愤怒等负面的情绪。"这篇文章的作者在其他文章中还写了一句令我醍醐灌顶的话："有些人对自己遭遇的某种对境无力应对，不仅无法接纳这个对境，还会衍生出更多妄想。"我十分认同，许多恐惧或别的情绪实际上是"妄想"出来的。

文章提到的第二个观点则是"接纳，转化的智慧"。在看那篇文章时，虽然我可以认同"面对不如意事，要接纳"的态度，但我不明白，什么叫接纳？到底该怎么接纳？若别人欺骗了我，我也要原谅吗？

直到近期，我才学习并明白，接纳其实有两个层面：一个是认知层面，一个是觉知[1]层面。

认知层面需要"正见[2]"的指导，这再次印证了学习"正见"的重要性。只有知道什么是正确的，我们才能映照出自己内心那

---

[1] 佛教用语，指以觉察和接纳的心态，全身心地关注当下，包括对身体感受、情绪波动以及思维起伏的觉察。
[2] 佛教用语，八正道之一，是如实了知世间与出世间因果的智慧，涵盖有漏慧与无漏慧。

些隐藏的斑驳。所以，倘若有人欺骗我，当然我可以选择恨他、报复他，但这除了激发更大的矛盾，还会在我内心播下嗔恨的种子，终究还是自己品尝恶果。这就是老祖宗说的"冤冤相报何时了"。可是，学习了智慧文化，我学会从多角度看待问题：她是故意要骗我的吗？是的，确实那是很自私的行为。但她这么做是因为她愚笨，她如果有智慧，就不会选择欺骗。而且她在欺骗我的时候，内心也是遭受煎熬的，她是她自己情绪和想法的奴隶，可恨之人必有可怜之处。所有人都是"烦恼"的受害者，归根结底都是心苦，她如果不是心苦，何须骗人，谁不愿意坦坦荡荡、自自在在、潇潇洒洒地活着。当对她的痛苦产生同理心时，嗔恨心就会消解掉许多。

再者，她骗我，她其实损失的比我更多！那么，现在到底是谁没有放过我？是那个欺骗我的人，还是我自己？

曾经看过这样一则故事：从前，有一位少年在与人比武时惨遭落败，此事令他深感羞耻，遂毅然决定上山拜师学艺，立志在学成之后下山与对手再度一决高下。在那悠悠十余载的时光里，他时刻铭记当日的耻辱，练功时格外勤勉，不敢有丝毫懈怠。每一年，他都会满怀期待地向师父询问："我是否可以下山了？"师父则会反问他："你自觉如今能否战胜那个对手？"少年无奈地回答："还不能。"于是，每次都只能听从师父的劝告，继续留在山上苦练。时光飞逝，如白驹过隙，转瞬十八年过去了，少年终于练就了一身非凡的武艺。师父欣慰地向他祝贺："如今即便是为师,也难以与你匹敌,你的武艺已达精湛之境,可以下山了。"出乎意料的是,少年平静地说道:"师父,我不想下山了。"师父微微一愣,旋即浅浅一笑,问道:"这是为何?"少年缓缓答道:"当年因那一次失败,我便耗费了整整十多年的光阴来练功。仔细想来,其实我一直在输,因为这十八年来,我始终不曾放下。如今我虽一身功夫,但只有放下,我才能彻底地转败为胜。"

另外有一个非常非常重要的方法,就是"缘起法①"。世间的一切事物或现象都不是孤立存在的,而是依赖于各种条件产生、发展和消亡。人的生命和各种遭遇也是一样。就像一个人的出生,是基于父母以及诸多社会、自然环境等因素。人的痛苦和快乐也不是凭空产生的,是和自身的行为以及各种外部环境因素相互关联的。例如,当我们对某个人的行为感到愤怒时,其实他的行为是由诸多因素造成的,包括他的性格、成长环境、当时的情境等。

她会骗我,是她的一系列因缘和合的结果;而我被骗,是我的一系列因缘和合的结果。如果我有被骗的"因",她或者其他人只是"缘",触发了我"被骗"这个果实的成熟。

虽然后知后觉,但我猛地意识到——我之所以被骗,是因为

---

① 佛教中的观点,一切事物的生起与灭去,都是彼此依存,互为因果的。没有独立、永恒、不变的事物,一切皆是因缘和合而生。

自己的贪心和焦急。所以,我的几次掉到坑里,都是因为想贪着[①]更多东西和以此引发的焦躁。如果我坚守自律,秉持健康生活五大信念[②],其实这些坑我是可以避免的。

有一位智者跟我说过一句话,我认为非常有用,他说:"随缘消旧业,切莫造新殃。"遇到逆境,心里若是抵触,这个课题就过不去。在抵触之中,会做新的事,造下新的业。"以暴制暴"爽归爽,但因果不虚,真的做了,就是新殃。不如坦然接纳,想着:"事情已经这样了,当作消业,过去的都过去了,从这一刻开始,以此时此刻为起点,我可以做什么。"而不是一直想着:"为什么是我?凭什么是我?这样的事为什么要发生在我身上?"

至于她骗我,是她造下的业。各人业力各人担。我不用气愤,因果自会有答案。而我是选择以愤怒记恨之心对待,还是以慈悲宽容之心对待,都是在创造新的"缘起",两者会缘起不同的"人格的塑造和生命的走向"。

写这一段的时候,正好是2024年的感恩节,看到《如何面对逆境》作者在公众号里写道:"碰到逆缘,同样要感恩,因为当

[①]佛教用语,指对事物过度贪恋或执着,是修行中需克服的心理状态。
[②]指不杀生、不偷盗、不邪淫、不妄语、不饮酒。

下就是化解往昔恶业的机会。把握住，才能转逆缘为顺缘，而非将不良关系带入未来。"

《如何面对逆境》一文中还特别提到："接纳不等于认同，更不是纵容，所以事后可以根据对方的情况，以适合的方式进行教育。其目的也是帮助对方，而不是自己要论输赢、争对错。"注意，他提到的目的，不是为了强化自我的嗔心，而是出于助益对方。

我有一位同学，刚被检查出患有癌症时，她满心都是"为什么偏偏是我"，内心极为抵触，难以接受这一现实。这固然是人之常情，不过于事无补，反而增加内心郁闷。她恨的对象是疾病，看不见也打不到，发怒都没处使力。好在她有学习正见，不久后她就接纳了这个现实，想着："好吧，既然事情已经这样了，过去不可追，我就想着，接下去我该怎么做。"她平静地面对手术，最终手术取得了成功。

心理学上说，创伤会带来痛苦，也会带来成长。韧性、感激和深度思考都是创伤经历带给我们的。我们不能选择创伤，但我们可以选择是否在创伤中成长。

我那位同学还向我分享过一段有关"接纳自己"的感悟：

"我在正念①静坐时曾深受困扰,原本我认为在静坐过程中脑海里应该毫无杂念、内心宁静平和,但当无法达成这种安静状态时,我因未能达到自己的预期而倍感焦灼,甚至难以安坐,心急如焚。后来我领悟到,需要放下这种执着的状态,接纳当下自己或许就是无法安静下来的真实状况,只需专注于呼吸即可。

"再如,当遭遇逆境时,我学会运用正见来思考,一想到人生本就苦多乐少,并非只有我一人如此,便会削减对外在名利、眷属的执着。

"还有,我曾执着于自身要像他人那般具备活跃的语言组织与表达以及思维能力,后来在学习智慧文化之后,运用缘起法进行思考,我明白了每个人都是不同的,我或许相对'笨拙'一些,但可以慢慢来。"

于是,她接纳自己,放下要强、要完美。她放过了自己,不再勉强,允许自己慢慢来。更重要的是,以前她之所以着急想进步,是因为想着:"我不够好、不够快,别人会怎么看我?"可现在她明白了,那些"以为别人会怎么看她"的念头,只不过是她自己的想象。瞧,人往往活在"情绪与想法"的旋涡中,而非客观事实本身。

在处事方面,在事情开始前,我们尽量计划周全、全力以

---

①正念源自佛教禅修,后发展为心理学中的概念,指将注意指向当下目标而产生的意识状态,且不加评判地接纳此时此刻的各种经历或体验。

赴，而当事情结束后，面对无法挽回的结果，我们最适宜去做的便是——跳出来，不要去想了，"闭嘴"，放下。顺其自然，不为已打翻的牛奶悔恨。圣人说"尽人事，听天命"，智者也说"因上努力，果上随缘"。

顶果大德说："活到一定的年纪，如果真要说学到什么的话，那就是学到了对人生的境遇要有信心。不论上天怎么安排，我都欣然接受。因为我深信，每一件发生在我身上的事，都将指向一个更加广大、完美的计划，远非我一时片刻所能想象得到的。"

接纳的第二个层面，是觉知层面。嗔心本身也是没有实体的。它不是一个永恒不变的东西，而是在特定的因缘下产生的一种情绪。我们可以尝试把心带离事件和情绪，先与它们保持距离。我们普通人和圣人最大的区别，就是"用心习惯"是两种模式。我们的模式是"被想法和情绪裹挟，无法抽离"，圣人的模式是"时刻保持在觉知中"。

在此我想强调一下，觉知是可以被训练的。而且，没有人要求你消除念头，正念不是让你消除念头。智者对此有正解："所有的念头和影像，就是心灵天空中的云彩。正念中的接纳，就是不论内心出现的是什么念头、什么影像，只要保持觉知就行，既不跟着走，也不生对立。"

情绪不仅影响别人对你的感觉，自己也会被其左右。所以，当情绪生起，最好的方式是不要理它，不要喂养它，不要助纣为虐！

如果你是情绪的主人，你应该静静地看着它，让它像小狗一样温顺安静地趴在地上。如果情绪是你的主人，你就会被它控制，像被暴躁的狗拉着跑，把你身边的东西都撞翻。

正念冥想可以帮助我们训练，成为情绪的主人。这部分我想放在《边界感：温柔说不之力》一书中详细讲述。在这里，我们只需要记得一点：坏情绪起来的时候，不要掉进去。先做三个深呼吸，然后把注意力转移开，不要在坏情绪的指使下去做让自己后悔的事、说不该说的话。

我来举一个自身的例子。在我的小侄子出生大概两个月之后，他便一直与我的父母居住在一起。当然，他的父母，也就是我的弟弟和弟妹，住处离得也并不远。主要是我的父母一直心心念念想要抱孙子，如今终于得偿所愿，所以即便日夜操劳也丝毫不觉辛苦，满心欢喜地照顾着小侄子。有一次周末，我去爸妈家探望，半夜听到侄子哭了，便赶忙过去哄。当时，父亲因为侄子的哭闹而显得十分焦虑，看到我没能顺利哄好，便语气不善地责备我。要是放在从前，我肯定会立刻被点燃，火冒三丈，然而这一次，我立刻审视自己内心涌起的情绪，就那样"眼睁睁"地看着这股不愉快的情绪逐渐升起，而我只是静静地"注视"着它。没过多久，这股情绪便好似泄了气一般，悻悻然地"偃旗息鼓"

了。我也迅速恢复了理智,并且及时转念:我过来的初衷,是为了哄好侄子,同时也是希望父亲能够顺心。他是因为着急才会如此,很明显他此刻正受自己的情绪掌控着,而我不应该再受他的情绪掌控。所以我没有回应,继续耐心地哄侄子。只有我是放松的,才能把松弛的状态传递给怀中的侄子。没过一会儿,侄子便停止了哭泣,于是我将他抱还给父亲。就这样,一场可能爆发的争吵得以避免,侄子不哭以后父亲也恢复了常态,想必他后来也意识到自己当时的语气过重了。

结合我的两个例子来做一个小结。于认知层面而言,当面临嗔恨、愤怒等情绪时,例如遭遇他人欺骗而心生怒意的时候,懂得运用正见加以梳理,即便无法瞬间想通,也可凭借反复的"观察修"逐步理清思绪,这就是借助正见来调整原有认知的体现。从觉知层面来看,就如同哄侄子的事例,以往在父亲语气欠佳地责备我时,我会即刻掉进情绪中"炸起来",但如今能快速转念,抛开自己当下不舒服的感受和想法,站在"哄侄子、使父亲舒心"这些角度去看待,理解父亲着急时说话的状态,这就是在具体事情中生起了觉知。把学到的智慧融入生活中,更好地应对各种情绪和人际关系,这就是心性和人格的不断成长与进步。

我那位同学还分享了另一个和她妹妹相处的例子:"把心安住在觉知当中,就是要让心和事件、情绪保持距离,这其实是一种抽离。抽离之后再去看待事情,就会有不一样的视角。就像我和妹妹曾经有段时间关系不太好。我原本觉得自己是接纳她的，只是认为她认知比较低，没和我同频，所以觉得问题出在她身上。

"后来有一位极具智慧的朋友向我点明，问题并非仅仅在她一人身上，我自己同样存在问题。一开始我无法接受，觉得是妹妹的认知不够，不是我的问题。但那段时间我开始学习圣贤智慧文化，在听《慈经》音乐的过程中，我尝试把自己从这种固有思维里抽离出来。突然有一天，我意识到妹妹其实也挺可怜的。她很多行为并非她自己愿意的，只是她的认知水平有限，而且她需要他人的关注和爱。而我呢，总是带着一种优越感和她相处，因为觉得自己认知比她高，看她的时候是俯视的态度。即便这种情绪没有表达出来，但那种能量场是存在的，她也能感受到。

"当我觉察到自己的优越感后，再看她时，我能看到她做事背后的发心和她真正想要的东西，于是慈悲心就生起来了。带着慈悲心去看待她时，我对她就没有了那种高高在上的心理姿态，也没有责备和评判了。用缘起的智慧去思考，想到这或许是她的业力，而我要用慈悲心去看待她，不执着于自己的想法。这样之后，我发现状态完全不同了。她看到我时，那种情绪对立的状态也消失了，我们之间开始有一种轻松、充满爱的氛围，能明显感觉到爱在流动。这便是我在与妹妹相处中的切身体会。"

谢谢我的同学在读书会时的这些真诚的分享。以前，我也总是陷在各种各样的想法和情绪里，从未有过超脱于想法、念头和情绪的时刻。因为我根本意识不到原来"想法、念头、情绪"和"我"是可以分开的,是两样东西。但现在,情况有了些许改变,这也是一种进步。学习正见后,我持续修行,当面对焦虑或生气的情绪时,我有时能够从中跳出来,以一种类似摄像头的视角看待自己,做到和情绪、念头保持距离。以前我确实像智者说的那样,念头一冒出来,我想都不想就深陷其中。但现在,至少当念头升起时,我的觉知有时候能及时跟上,相比以前,真的进步了很多。

《自律力:做自己的船长》一书中我提到在巴黎留学的时候,有很长一段时间,我一直陷在一些情绪当中,当时深受困扰,一直想要摆脱那些情绪,却不知道方法,或者说一直都在用错误的方法。如果那个时候我有学习智慧文化就好了。

我发现其实在七年前我就写过一段话,有一点正念的感觉,尽管当时并没有能真正跳脱出情绪的牢笼,但有此观察,还是比完全无知无觉地陷入其中要好很多——

我们常常努力消除悲伤,但有没有想过"悲伤"的感受。它为你而来,饱含你的情绪,想拥抱你,你却一直想要挣脱,它该多难过啊。我就不一样了,我和我的快乐、我的悲伤,一直和平相处,快乐朝天,悲伤朝地,我就静静地看着它们互拜。

我们可以在乎,但别在意。情绪越是汹涌,越要跳出来,用看风景的心态审视情绪。

真正帮助我"治本"的，还是得靠正见和正念两股力量。靠正见的学习，从观念上拨正；靠正念的练习，训练专注和觉知的能力。

就在2024年底，我参加了一个自己很重视的比赛。比赛前，我观察自己身体的状态，比如肌肉是否紧绷等，以此来判断自己是否紧张。借助这样的审视，换作以往遭遇类似情形，我大概率会很紧张，这次却沉着很多。由此可见，不跟着情绪和想象跑，不陷入情绪和胡思乱想的泥沼中，这便是修行的意义。

给心灵"排毒",不负重前行

说完嗔怒,接着分享另一颗毒药——嫉妒。

查理·芒格说:"我漫长的一生,这两件事绝不会做。一是永远不要自怜自哀,人生总会伴随着可怕的打击、严重的挫折、不公平的遭遇等,我不会因为人性而感到意外,也不会花很长时间去感受背叛,我不是受害者,我是幸存者;二是永远不要嫉妒,总有别人比你强,嫉妒别人太傻了。我在自己的生活中战胜了嫉妒,我不羡慕任何人,我不在乎别人有什么。"

我得以成为作家的机缘,源自两位女性,而成为作家对我而言,无疑是一场令人欣喜的转变。

一位是Kathy，一个从上海前往台湾出差的女孩。人生充满了奇妙的际遇，她如过客般在我生命中短暂停留，却为我的人生带来全新的启迪，这恐怕是她与我都始料未及的。

美国社会学家马克·格兰诺维特通过对人们求职过程的研究发现，由家人、好友构成的强关系在工作信息流动过程中起到的作用很有限，反倒是那些长久没有来往的同学、前同事，或者只有数面之缘的人等弱关系能够提供有用的求职线索。所以有种说法是，大部分的机会来自弱关系。我觉得弱关系其实可以被视作一种"缘"的呈现形式，当你自身具备某种"因"，进而触碰到与之相应的"缘"时，便会催生出特定的"果"。

那是一个阳光暖煦的午后，我正在上网，突然有个陌生女人在Facebook（知名互联网社交平台）上向我搭话："你好，看你的简介，你来自上海？"我回复道："嗯。但我现在在台湾。"她接着说："我正好在台湾出差，周四回去。你愿不愿意出来喝杯茶？"说实话，这样的邀请乍一看很像某种陷阱，不过我们约定的地点是诚品绿园道一楼的星巴克，那里人来人往，即便赴约，她应该也不会对我怎样。再浏览一下她"脸书"（Facebook的中文俗称）上的页面，发现她毕业于英国某大学，过去几年发布的照片都彰显出她是个率真的女子。况且我确实渴望能有个人陪我讲讲上海话，在异地与一位陌生同乡会面，我对这趟赴约也是有点期待的……不过，友情提醒，面对陌生邀约，大家根据实际情况判断，我这个"安全的个例"不具备参考意义。

就这样，我们见面了。别小觑任何闯入你生活的人，当时我全然不知，这次看似平常的相遇，竟会为我打开一扇通往全新世界的大门——走进台湾的书店。若不是她提及："你来台湾这么多次，待这么久，居然没来过诚品？"我便不会发觉书店竟能如此别具一格。在十多年前，诚品这样的书店确实是不多见的。里面的艺术氛围颇为浓厚，令当时的我不禁感叹："这真是一个大力倡导阅读的地方！"初次踏入诚品，我便深深为之倾心，任谁都能感受到空间营造与服务品质所传递出的精致感。在这里，你会不自觉地注意在行走过程中不让脚下的地板发出嘎吱的声音，生怕破坏了那安静祥和的氛围，惊扰到其他读者。我暗自立下目标，在台湾那几个月至少要在书店读完10本书，如此一来，既能陶冶情操，又可以充实自我、汲取知识。我还在诚品报名参加了一个油画班，跟随来自美国的教师研习"快乐油画"。

另一位是台湾的女艺人Melody，或许是因为与她性格相仿，同属"生活中的Drama Queen"（戏剧女王），所以我颇为喜爱她。当时，她恰好推出了自己的第一本书，作为在美国长大的"ABC"（America Born Chinese，美籍华裔），她自幼接触英文，能写出一本全中文的书已然是一种突破。

走进台湾的书店，在其中听了许多场作家的讲座，看到喜欢的艺人出版了新书……这些触动了我——我也要创作一本属于自己的书。

一旦有了出版一本书的想法，我便迅速付诸行动，没有在空想中徘徊不定、犹豫不决。作品创作完成后，我满怀期待地踏上投稿之旅。机缘巧合之际，一家出版社对我的稿子青睐有加，认定其具备良好的社会效益与经济效益，就这样，顺利签约。此后的出版流程相对顺利，在历经长达半年多的排版、设计、审稿、校稿后，书籍终于问世。

可见"心愿"是具有强大力量的，愤怒的心愿具有极大破坏力，美好的心愿亦具有极大的创造力。将当初那个大胆的想法化作自己撰写的一本书，实实在在地捧在手中，那种成就感令人满足。

如今许多人追星近乎狂热，尤其是一些影视剧将男主角塑造得十分契合女性的理想型，使得女粉丝们如痴如醉、神魂颠倒。"欧巴"（韩语"哥哥"的音译）所到之处，粉丝们往往紧紧追随。我也曾痴迷于某部红极一时的韩剧，一周两集，追剧追得上瘾，每周两集播完后，剩余的日子便是漫长的等待，没有更新时该怎么办？我便将第一集到最新一集反复观看无数次。由于对男主角格外着迷，在等剧的日子里，还把该男演员的其他电视剧、电影统统看了一遍。与朋友们相聚聊天时，总有一个话题是围绕这部剧展开的，只要提及这个魅力十足的男主角，女人们都会瞬间两眼放光。总之，和大多数人一样，我也曾沉迷追星。

我鲜少会对人或者事狂热,因为那种状态会让我不安。偶像可以是榜样,就像之前提到的Melody,她是我最初写书的动力之一。但如果偶像成为我自身情感投射的对象,恐怕就无法自控。追星,追逐的是幻想中的人,遥不可及。"喜欢那个在舞台上受众人追捧的他,就注定要承认他看不到台下茫茫人海中的你。"所以,当时的我决定适可而止。

为了摆脱对男主角的迷恋,我请人给我推荐其他剧集,以便将对他的热爱分一些给其他男主角,反正韩剧所塑造的人物都精准地切中女性的喜好,要找到具备完美特质男主角的剧简直易如反掌。尝试观看了几部之后,我终于被另一部剧的男主角成功吸引,从而转移了情感关注点。这位男主角同样具备超能力,外形帅气且对待感情专一……就这样,先分散至不同的对象之上,以此来降低在单个对象那里所凝聚的情感浓度,随后再将注意力聚焦于自身。

效果是显著的,十天前我还满心期待地去参加该男演员在台北的见面会,十天后却几乎将他淡忘……也许有人会问,追星难道不好吗?心中有爱有期待。诚然,追星确实能够在一定程度上使内心得到慰藉与满足。但我之所以想尽办法摆脱这种状态,是因为就我个人而言,像这样的"星星"太过璀璨耀眼,且与我距离遥远,他们给我的生活带来实质性的积极影响有限,反而会加剧我对现实的认知偏差以及接受程度的失衡。因为幻想过于完美，心中的期待值便会不断攀升，而当回归到现实生活中时，巨大的落差感便会汹涌袭来，这对我客观地认知周遭环境极为不利，而且不切实际的期待也会在无形之中提高我对未来另一半的要求。这与沉迷游戏的过患其实是差不多的。

我会"追"什么样的星呢？现在的我只会见贤思齐。没错，就是以"贤"为榜样，向圣贤之人学习。通过学习他们的品德与智慧，不断增长自己的品德与智慧，期望能够逐步接近他们所具备的高尚品质，最终达到"无我利他"的境界。这是一个漫长，却很有意义的过程。那种平静地喜悦，你们若是体验过，便能明白它真的超出世间所有的快乐，并且没有副作用。慈悲没有敌人，智慧没有烦恼。人生游刃有余，自然自在逍遥。

走在这条路上，嫉妒心是不能有的。嫉妒比嗔怒要晦涩，难以说出口。我们都知道这不是个好词，连坦白自己"正嫉妒着"都很难做到。不过"说不出口"倒不是坏事，至少说明在价值观上我们明白嫉妒心是不可取的。

有句俗话叫"远的崇拜，近的嫉妒"。我过去有强烈的好胜心，伴随着隐隐的嫉妒。身边出现比我优秀的女生，心里便不能舒坦，总觉得有一点堵。嫉妒如果任其发展，是没有止境的。因为不可能世上所有人都不如你。古语有云："嫉妒生于利欲，而不生于贤美。"意思是嫉妒产生于利益和欲望，而不是因为他人的贤能和美好。所以，嫉妒的问题，是在于自心。"内心若不正直，有了偏颇，别人的功德，我们可能会看成过失，自己有一堆过失，却自以为是功德，这种颠倒，会对我们的思维造成极大的危害"。

嫉妒心是一种复杂且具有诸多危害的情绪，内心的不平衡会引发焦虑、沮丧等负面情绪。就像心里有一团火在燃烧，不断炙烤着自己。而且，嫉妒会让认知扭曲，容易过度关注他人的优点和自己的不足。嫉妒，让人面目全非。正如但丁所言，三毒（骄傲、嫉妒、贪婪）是人性的三把火，终将焚毁灵魂。

嫉妒更是成长道路上的绊脚石。当一个人的心被嫉妒占据时，精力都放在了对他人的嫉妒和怨恨上，而不是专注于提升自己。前阵子为了了解短剧行业，看过几部短剧，整整80多集的剧情，女主角一直清醒独立搞事业，女配角一直愚笨嫉妒耍心计。女配角最愚笨的地方在于她的眼里只有女主角，永远在和女主角比较，永远在使坏……看得我非常纳闷：摔那么多跟头，都不能让女配角有些许的反思吗？她难道还不明白她和女主角的两条人生路就是两种"心"走出来的吗？

我们常陷入一种误区：世上的一切都像资源一样是有限的，仿佛他人有所获取，自己便会与之无缘。其实不是的！这种思想也许是某种陷阱，又或是一种驱使我们拼搏的手段。就拿知识来说，它是一种极为丰富且取之不尽、用之不竭的资源。古往今来，无数的学者、智者在知识的海洋中不断探索、挖掘，可知识的总量并未因此而减少分毫。分享像是点烛火，我用自己的烛火点亮别人的蜡烛，自己的烛光并不会变小。而当有更多的蜡烛被点亮，只会让整个空间更加光明，让自己这根蜡烛脚下的阴影变得更少。而吝啬分享，就如同将自己的蜡烛置于密封的罩子中，看似护住了那一小簇火苗，实则让它更早趋于熄灭。

在修行中，对治嫉妒也是有方法的，就是由衷地赞叹他人。在智慧文化中有个词叫"随喜赞叹"，随喜主要是指见到他人行善、得福等好的事情时，自己从内心生起欢喜心。这种欢喜心不是嫉妒或者羡慕，而是由衷地为他人感到高兴。赞叹是对他人的善德、善行或者美好的事物进行真诚的赞美和感叹。这不仅仅是口头上的称赞，更是一种发自内心地对他人优秀品质或行为的肯定。

通过随喜赞叹，能够将嫉妒转化为祝福，不仅可以减轻自己内心的负担，还能积累善业。而且，有一种说法是，随喜赞叹他人的功德等同于自己也获得了同样的功德，可以说是很"划算"的。嫉妒反而不会使你"得到"，却会让心变得狭隘和阴暗。随喜则能够打开心扉，让善念和正能量进入。比如，当我们随喜一位慈善家的善举时，就好像自己也参与了这些慈善活动一样，在智慧文化的观念中，这同样是在积累福报。何乐而不为呢？

当然，克服嫉妒，也可以用思维"缘起"的方式。一切事物都是因缘和合而生。别人的成功或者好运不是偶然的，而是由诸多因素共同作用的结果。别人的成功，有他们背后的因缘。通过理解因果关系，观察因缘和合，就能够减少对他人的嫉妒，因为我们明白这是他应得的成果。同时，我们也要思考自己的因缘——我们有自己的人生轨迹和发展节奏。每个人的因缘不同，所经历的事情和取得的成果也会不同。专注于自己的因缘，在自己的道路上努力，而不是嫉妒别人的因缘。

正念也有帮助，即培养专注力和觉知力。我们可以观察自己的内心世界，包括嫉妒心的产生和消失。比如，当嫉妒的念头出现时，我们不要去排斥它，也不要否定自己，而是静静地观察它，看着它像天空中的云朵一样飘来又飘走。通过这种方式，我们能够增强对自己心绪的掌控能力。

《人民日报》曾有一篇题为《预防干部心态"亚健康"》的文章，其中写道："争权逐利、嫉贤妒能、得过且过，这些'亚健康'的心态如不及时治疗，就可能会'病入膏肓'。""心态决定姿态，姿态决定状态，状态决定生态。"

不仅是干部，普通人为人处世，包括创业立业，都不能被嫉妒等不良心态所支配，否则就会在狭隘的心境中迷失，阻碍自身的进步与发展，而且还破坏人际关系。善妒荼毒心灵，很难成就一番大业。爱默生说过:"妒忌是一切杰出人物必须偿付的税。"

现在的我,拥有一颗能够真诚为他人鼓掌喝彩的心。因为我感悟到:别人的荣耀,并非会让我黯淡;对别人荣耀的嫉妒,才会真正使我黯淡。

零抱怨，别再"玻璃心"

常抱怨、包打听、废话多——想躲。

我在位列世界五百强的顶尖德企DS集团接受过许多专业方面的培训，DS集团设有种子精英培育学校，为员工提供课程培训的机会。我进入职场接受的第一个培训，却是非正式的，来自我的上司Fred，他是DS的中国区营运总监，告诉我的一个关键词——No Complain（零抱怨）。

试想一下，一个人天天在你耳边唉声叹气："唉，真是的，我老板怎么老是自己事情不交代清楚就差遣我去做，尽让我重复劳动！""这个客户真是难缠，方案来来回回改了不知道多少次了,到底什么时候是尽头!""为什么事情那么多工资却那么少,只让马儿跑又不给马儿吃草!"听一次两次,你是不是挺同情她的遭遇?听上一百次,你是不是想把她的嘴巴缝上?

再试想一下,A讨厌你,惹了你,你心情不好,但不好回敬A,于是你憋着火气无处发作,遇到B,柿子挑软的捏,你便将脾气全发在他身上,B想:"你心情不好关我什么事,凭什么将火气撒在我身上!"如此这般,B也讨厌你了。

上面所提及的这种模式,实际上在我们与家人的相处中体现得最为明显——你在外面遭受了委屈,心情不好,回家对父母没有好脸色,向最不该倾倒抱怨的人倾倒了抱怨。即便他们不会因此讨厌你,反而会选择谅解包容,可你那没有尽头的抱怨一次次地让他们疲惫……要知道,父母是我们的"恩田"啊。在这片"恩田"上不断浇灌抱怨,难道能够长出福报吗?

人活在世,有不开心的权利,但没有因此就让周围的人都不开心的权利。

在朋友们的聊天群组里,互相倾诉很正常,但不要让坏情绪波及组里其他成员。比如你遭遇了令人不快的事情,即便内心满是愤懑与委屈,也不能以不当的态度和言辞,把因这些事情而积压的情绪发泄在毫无关联的朋友身上,毕竟聊天群是用来分享的，不是情绪垃圾桶。

从心理学角度来看，情绪传染是一种普遍现象。美国德雷克塞尔大学的心理学家史蒂文·普拉捷克提出，所谓的打哈欠传染更容易在移情人群——习惯将自己假想成他人的人群——里发生。当一个人长期处于消极情绪中，并向周围人散发这种情绪时，周围具有移情能力的人很容易受到影响。

在神经科学领域，镜像神经元理论也能解释这一现象。镜像神经元在个体执行动作和观察他人执行相同动作时都会被激活。同理，在情绪方面，当人们观察到他人的负面情绪表达，如愤怒、悲伤、焦虑等，大脑中的相关神经机制也可能被激活，从而产生类似的情绪体验。

在工作团队中，如果有一个人总是抱怨工作压力大、任务重，团队中的其他人可能也会逐渐被这种负面情绪感染，开始对工作产生抵触情绪。在家庭环境中，父母如果经常在孩子面前表现出焦虑、愤怒等负面情绪，孩子也很可能会受到影响，变得情绪不稳定。

此外，在社交网络环境中，大量的负面信息传播也体现了负能量的传染性。刷微博这事，越来越让人感到无奈。网络上有些人总是充满戾气，爱指责他人、拿尖酸刻薄当个性……往往别人轻轻一碰，就能瞬间发怒。喜欢传播负面情绪，就好像自己过得不如意，得拉着全世界一起"陪葬"掉快乐。

我们可以用"垃圾人"来描述那些自身携带大量负面情绪、消极观念和不良行为的人。这些人就像装满垃圾的容器，内心充斥着愤怒、嫉妒、怨恨、焦虑等负面情绪，而且无法自我消化和处理这些情绪。他们如同被垃圾包裹着，需要寻找一个出口来倾倒这些"垃圾"。在马路上开车，因为一点小碰撞，就可能对对方破口大骂甚至大打出手；在服务场所，因为对服务稍有不满，就对服务人员进行过分指责和侮辱；他们抱怨社会不公、生活艰难，却从不思考如何改变自己的处境，并且试图让身边的人也接受他们这种消极的世界观，影响他人的情绪和心态……以"垃圾分类"标准看，属于"有害垃圾"。

这种现象着实令人感到可怕，我们每个人内心深处都殷切期望自己的孩子能够生活得平安喜乐、无忧无虑。可倘若连我们自己都沦为了"垃圾人"，那么又有谁来担当"心情的清道夫"？如此一来，又怎能助力下一代共同建设一个更加舒适的世界？

嗔恨、嫉妒、负面情绪……本身就是烦恼，带给当事人痛苦。而且会让人陷入"苦循环"，越是遭遇不如意，越发感到无力，便愈加放弃努力，进而陷入一种恶性循环。长此以往，自身状态愈加糟糕，不如意之事接踵而至，随后便如刺猬一般，消极地去刺痛身旁之人，他人即便有心帮助也难以靠近，最终在健康、事业、人际交往等方面都跌入谷底，只因你的负面情绪拽着你倒退。

你们说多奇怪，每个人都期待被世界温柔对待，自己却懒得对世界笑一下。本书开篇就说不存在完美人生。谁能一帆风顺？谁能没有压力？我们在世间跋涉，当口干舌燥、举步维艰之时，倘若烈日愈加炽热，人便极易倒下。甚至有些人已然心生退意："不如就此放弃前行，我实在支撑不住了。"我们所期盼的是甘霖般的慰藉，是夜空中明亮的星，是一种能够支撑自己坚持下去的"力量"，而非令人沮丧的"泄气"。

每个人都是需要正能量的。我们不妨扪心自问，当自己疲惫不堪之时，最想看到的是不是笑脸？失落的时候，最想听到的是不是鼓励？失意的时候，是不是也想出去散心，体验一下快乐的生活状态？正如老人们常说的，不论遇到多难的事，先洗个澡，睡一觉，第二天醒来就能满血复活。其实，最为质朴且有效的正能量，便是过好自己的生活，而后他人看到你的生活就会充满动力。既然如此，我们也应该成为这样的人，凭借自身积极向上的"精、气、神"去感染周围的人。今天刚看到一句话，分享给大家："把自己变成糖，世界就甜了。"

我"害怕"具备这样三大特质的人：常抱怨、爱打听、废话多。

Anne 就职于一家外企，拥有五六年的职场经历，然而至今都没有被提拔过。她似乎患上了一种"无意识挑拨离间"的毛病，总是习惯性地在 A 同事面前数落 B 同事的不是，又在 B 同事面前讲

A 同事不好，但她本人是无意识的，说完可能自己早忘了。她认为不能升职一定是外因，而自己是个与世无争且率真的人。仿佛全世界都存在问题，老板有问题，同事有问题……唯独她既正常又机灵。

关键在于，仅仅常抱怨还并非最糟糕的，常抱怨再加上包打听，就会给人带来更多的困扰。她的耳朵好似用天线制成一般，搜寻各式各样的小道消息，听个一知半解，却自认为是个无所不知的百事通。但这仍不是最极致的表现，最极致的当属除了常抱怨、爱打听之外，她还"话多"。别人的事，不管跟她是否有关，都要插上几句嘴。

每次遇到这样风格的人，我都尽量避而远之。发现他们是从骨子里对自己的言行"毫无察觉"，根本意识不到自己的行为令人多么厌烦。他们自己倒是畅快了，旁人却会因他们不经意间的"脱口而出"苦不堪言。试想一下，倘若你是老板，你敢提拔他们吗？即便他们具备很强的办事能力，然而那难以管束的快嘴几乎能把你的"老底""口沫飞溅"地说给每个人听。虽说帮你处理了别人也有能力处理的事务，却给你带来了别人所不会带来的问题……

有人说"在企业，IQ（智商）低，影响的是升职；EQ（情商）低，影响的是生存"，爱传播负面消息和情绪的人，很可能让整个团队充斥着心理不平衡与泄气，影响士气。要是你有这样的下属或同事，是不是恨不得立刻把她轰走？我曾见过众多能力出众之人，仅仅因为喜爱抱怨而得罪他人，他们付出比他人多一倍的努力，却得不到应有的一半感激。比如说，今天你们团队共同完成了一项任务，你贡献了50%，其他人贡献了另外50%，可到了明天，你越想越不甘心，为什么自己要做那么多事，也没得到比别人更多的好处，然后逢人即邀功："都是靠我，才能那么高效率地完成这项任务。事情基本都是我做的。"那团队其他人听到会做何感想？原本应该是被大家感激的事，反倒沦为了"费力不讨好"。

以前我也会发带有"个人情绪"的微博或者朋友圈动态，不过往往在此之后以"后悔"居多。将个人情绪展露于外，不仅"显得不智慧"，实际上也"确实不智慧"。

如果你是个喜欢抱怨的人，可以每天进行这样的尝试：把当天所抱怨之事逐一记录下来，间隔三天之后再重新翻看。再次审视时，是不是觉得那些事太鸡毛蒜皮，简直不值一提？所以说，你每日向别人输出这些负能量的小事，有多少人感激？有多少人想听？有多少人为你献策？又有多少主意能起到作用呢？大家可能只是抱着看"怨妇"的心态听听，然后继续过自己的日子。所以，把抱怨放进碎纸机里碎掉，把心里原本装抱怨的地方腾出来，想象冬日的暖阳盈满其中，或者真实地去感受清晨透过树叶洒在脸上的阳光。

我们仍然可以运用"缘起法"来思考个人的发展与所得。这样观想①以后,对己,就不会因一时的成功而骄纵自满,也不会因暂时的挫折而怨天尤人。对人,能够秉持更为包容和豁达的态度去看待他们的不足与成就,理解他人的发展也是诸多因缘际会的产物。

既然说到这一点,学习智慧文化后的我,自然也不会再对"常抱怨、爱打听、废话多"的人产生厌烦情绪了,而是多了一份理解与慈悲。只是,出于"善护念"自心的考虑,我还是会更多地倾向于独处。事实上,我如今连八卦和闲聊都已经极少参与,实在需要闲聊的场合,我也会在位置上静心诵经,不参与评论。

过去,虽然我抱怨不多,但忍不住在背后"吐槽"别人,还自视甚高地认为那是"厌蠢症"。我看同事们对我"吐槽"别人的内容也大体接受,便以为果然大家都这么认为,直到有一次开玩笑,一位同事大概因为气氛太轻松了,恍惚间突然忘记了我是老板,对我说了句:"你积点口德吧。"我才开始反省。

除了借助缘起等正见来变革观念,以及用正念对负面念头和情绪保持觉知,还有一招非常有用,那便是"感恩"。感恩是化解抱怨的一剂良方。当人们把注意力从自己所缺失的、不满意

---

①佛教用语,指集中心念观想某一对象,可以对治贪欲等妄念,或为进入正观而修的一种方便观。

的部分转移到已经拥有的、值得珍惜的部分时，抱怨就会自然地减少。

你真的什么都没有吗？

其实你拥有很多，只是常把焦点放在你没有的东西上。甚至你还有宝藏可以分享给别人，那就是"欢喜"，是的，把它舍出去，有舍有得，布施欢喜，你就会收获更多的欢喜。大家不是爱说那句话吗？——你对着镜子笑，镜子中出现的便也是笑脸。

况且，要相信你自己是会成长的。无论是他人还是自己，都始终处于持续的动态变化里。今天让你抱怨的人、事、物，明天或许误会消除，转而成为你所欣赏的对象。可你今天的抱怨，如果明天传入对方耳中，那明天带来的不仅是你对他的改观，也会是他对你的"改观"。你对他的误会已然消除之际，他对你却滋生出了误会，最终，有可能伤害到自己的利刃恰恰是你曾经的抱怨。要是你碰巧是个名人，写下过一些什么，那么将近一百年之后仍有可能被人提及："那个冰心哦，她曾讲过林徽因的坏话。"

实在没有必要给自己埋下这些隐患，最为妥善的方式便是——零抱怨！

莫急,莫焦虑

这一节,我打算先给大家分享一首诗。

春有百花秋有月,
夏有凉风冬有雪。
若无闲事挂心头,
便是人间好时节。

我是在一个生活中的小例子里,深刻体会到了这首诗的含义。以前,我有一家特别喜欢的餐厅,我经常在下班后去那里,一边品着红酒用餐,一边听着歌手的现场演唱。这是我一周之中最放松惬意的时刻,毕竟这里汇聚了那么多我喜爱的元素,让我心生愉悦。然而有一回，下班后，公司在微博上开展的一个活动有一处细节需要紧急修正，管理微博账号的同事却联系不上。我在那两个小时里不停地给她发消息、打电话，内心被焦虑充斥着。尽管美食当前、音乐绕耳，却没有心思欣赏。直至三小时后，同事才回复我说，她正在和母亲做SPA，所以没有看手机。那个时候我突然意识到，美食依旧是那些美食，音乐也还是那些音乐，仅仅因为心境不一样了，感受就有了天壤之别。这才明白，真正对快乐情绪产生影响的，并非外在的佳肴美酒、悦耳旋律，而是自己的内心是否安稳平和、了无挂碍。

现代人生活压力大、爱焦虑，对此网络上涌现出众多方法论。我前几日看到一篇名为《用行动力驱散焦虑》的文章提及"凡事先干起来，能解决80%的焦虑"，其主旨是当方向大致无误时，即刻付诸行动，便能借由行动来缓解内心的焦虑。不过，倘若缺乏内在的觉察与智慧的引导，行动或许会陷入盲目。并且，当下不少人正处于"瞎忙"的状态，因短期内看不到成效，越发忙碌便越发焦虑。即便方向与行动都正确，成效有时也并非能即时呈现，于是还是陷入了焦虑。焦虑是一种心态，归根结底，心病还须心药医。

我也曾思考"自己到底是谁？""我那么拼命是为了什么？"，觉得"自己好像被全世界抛弃了"的阶段，也经历过对什么事都不感兴趣，周末穿着睡衣窝在沙发里，动都不想动的时刻。

在忙碌与喧嚣中,我们常常渴望自在与安宁,很多人因此选择出去旅行。诚然,转换环境,暂时脱离周遭的人与事,确实能够短暂地超脱出来。但假期并非随心所欲可得,越是难以抽出时间去旅行,烦躁情绪便越是加剧——我好累,可我没闲暇去度假休息。

我有一位学姐,每年她都会专门腾出大概一周的时间,独自入住丽兹卡尔顿酒店,只为换个心情,尽情享受一段完完全全属于自己的时光。不过,在现实生活中,并非有许多人会愿意花几万元去入住所在城市的五星级酒店。

后来,我思索如何让更多人能就近寻得一份自在,突然脑袋一亮——若想借助转换环境来使内心沉静,其实可以到家附近的寺庙走走啊。每个地方都有它的磁场,寺庙就是一个让人清净之所。相较于苦等有暇奔赴远方旅行,这无疑是个更为便捷的选择。

但要说真正不依赖外力的良方,还是得"安"心,这便引出开篇所提及的本章节核心关键词——安住当下。我发觉,这个词简直就是世界上最重要的发现!

诚如智者说:"一件一件去做,再多的事只是一件事。做每一件事时,安住当下,用心去做,且不执着结果,也不在意他人看法，就不会给自己增加不必要的负担。"

如此，我对自己的心态进行了调整。做完一件事就放下，不要想太多，更不要着急看到结果，以免又做出很多乱七八糟的举动。然后开始做下一件事。这样一件一件地去做。我们总是在忙碌奔波中追逐各类目标，却常常忽视了内心的真实感受。患得患失，其实就是因为没有活在当下。当我学会放下对结果的执念，将专注力凝聚于当下的每一个行动时，我发现每一个瞬间都变得充实而有意义。不再被未来的不确定性所困扰，不再被过去的遗憾或荣耀所羁绊。就像画一幅画，如果总是想着最终画作完成后的赞誉与价值，心浮气躁，笔触难免紧张，而专注于当下每一笔的勾勒、每一抹色彩的调配，那画布上渐渐呈现的纹理与色彩便是最美的风景。

> 心中无彩画，
> 彩画中无心。
> 然不离于心，
> 有彩画可得。

这首诗的大体意思是，从物理上来看，心里面并没有画的存在，画里面也没有心。但是，不离开于心，才会有彩画得以呈现；离开了心，是画不出彩画的。

所以，每个人的世界，其实是自己的心勾勒描绘出来的。心之所向，境之所成。当我们心怀希望与乐观，目之所及皆为美好；若心中充斥着阴霾与沮丧，世界仿佛也被黑暗笼罩。气定神闲，则所遇皆安。

记得有一次，我无奈之下得请假两个月。当时不好意思告诉同事们我需要休假那么长时间，所以并没有提前告知他们我确切的归期。只是每隔一周，向同事们传达我会延迟返回的消息。那时，我隐隐不安，担心同事们会不会误以为我不把心思放在公司，给大家起到不好的榜样，影响团队士气。直到我对自己说："没事，不要花时间多虑，就安住当下。把心态放平，做好当下的事。"后来，等我回到公司，发现大家的反应并不像我之前想象的那样，他们其实仍像往常那样工作着。而"安住当下"这四个字，是我在那两个月，所有心安的来源。我也深感庆幸，自己没有用焦虑、不安的想象和情绪去度过那两个月。你们也不妨试试，安住当下。

现在做事情，拿这次对三本书的重新修订来说，由于还有其他工作需要处理，哪怕是我把自己关在办公室改稿，偶尔也会不可避免地被紧急事务打断。过去，我一定会烦躁，那种不爽的情绪就像"起床气"一样，会延续好一会儿，甚至影响我保持专注力继续写作。但是现在，我不会因此烦躁，或者在感到烦躁的那一刻能够立刻调整心情。改稿的时候，我就改稿；有事来的时候，我就处理事情；事情处理完，就把那件事放掉，继续回来改稿；当天改完稿，就把改稿的事放下，该休息休息。所以，尽管在几个月的时间里我完成了繁重的改稿工作，但心态是平和的，既不焦急，也不焦虑。

《曾国藩文集》中有这样一段话："当读书，则读书，心无着于见客也；当见客，则见客，心无着于读书也。一有着，则私也。灵明无着，物来顺应，未来不迎，当时不杂，既过不恋。"意思是：当该读书的时候，就一心读书，心里不要想着会见客人之类的事情；当要会见客人的时候，就专注于见客，心里不要还惦记着读书。一旦心里有了这种不该有的牵挂，就是有了私心杂念。人应该保持内心清明纯净、没有杂念，事情到来的时候就顺应着去处理，不要去过度预想还没到来的事，在做事的时候要心无杂念、专心致志，事情过去了就不要再留恋。

当然，无论对哪种情绪的断舍离，正见与正念都可作为有效的应对方式。

对治焦虑，记住这八个字：因上努力，果上随缘。无论是对于目标的追求还是对事情结果的期待，过度的执着都会引发急躁和焦虑。事实上，急躁和焦虑并不会催生好的结果。学会接受事物的不确定性和变化性，在努力的过程中不过分苛求特定的结果，将关注点更多地放在自身的体验与成长上，从而让心态豁达、从容。

如果再能运用缘起的思维方式，那当然更好。理解到急躁和焦虑并非凭空而生，它们是由个人的成长经历、性格特点、当前所处的环境压力、人际关系等众多因缘条件相互作用而产生的。当认识到这一点后，就不会一味地抗拒或陷入这些情绪中，而是尝试去改变或调整那些可以影响的因缘条件。如果发现是工作压力过大导致焦虑，就思考如何合理规划工作、提升工作效率或者寻求外界的支持来改善这种状况。

"去利他"也是一个极为有用的方式，相当于把焦点从自己身上移开，放到"给予他人快乐"上，相信我，你一定会被那种潜在的氛围所感染，并且得到心灵的深度充电。而且，种下"帮助别人成功"的种子，也会于将来某一刻在你自己身上开花结果。

对于被催婚的压力，也可以用"缘起法"化解。父母之所以催婚，是因为他们对家庭延续、子女幸福的传统认知与深切关怀。社会习俗则是基于人类群体繁衍、社会结构稳定等多种因素在漫长的历史发展进程中，逐步构建起来的一套行为规范与价值导向。我们尊重他们的声音，同时也要理解自己有"压力感"是合理的，不必因被催婚而焦虑，急着找对象，要保持独立思考，坚守内心的声音，不被外界的压力盲目推动，病急乱投医。至于如何获得正缘，我会在"情感断舍离"章节中详说。

至于用正念对治情绪，其重要性不言而喻。网络上存在大量关于正念练习的方法，例如十分钟正念静坐的音频、静茶七式，或者依照一行禅师所著的《正念的奇迹》中教授的方法来进行练习。作家伊能静也在2024年的直播中对这本书予以推荐。总之，正规、简单且有效的正念练习方法很多，只需秉持真诚、认真、老实的态度去践行即可。

在应对睡眠问题上，我有个小诀窍想分享给大家。虽然我晚睡不是因为失眠，而是不想睡，但鉴于身体健康的重要性，我给自己定下了每天23点半前入睡的规矩。期间我发现了一个极为管用的方法，那就是默念《慈经》的前四句话。大家平日里也可以完整地聆听《慈经》音乐，通常一首时长约10分钟，黄慧音演唱的版本尤为柔和舒缓，具有很强的疗愈效果。在睡前，躺着，想象冬日的暖阳洒在自己身上，然后静下心来专注地反复默念下面这句话：

愿我无敌意、无危险，愿我无精神的痛苦，愿我无身体的痛苦，愿我保持快乐。

默念过程中，如果思绪飘走，不要评判自己，就平静地把注意力再拉回来，继续专注地默念就好了。我经常默念着不知不觉就进入了梦乡。

最后，衷心祝愿大家摆脱情绪的奴役，做个自由的人。

第三部分　情感断舍离

—— 不攀附，不将就

letting go

知世故而不世故，历世事而存天真。

当断则断，绝不拖延

在学习智慧文化以后，这一章节反而不知道怎么修改了。情感问题对于此刻的我而言，着实比较遥远。不过这么说，主要是因为目前没有"对境"。但哪怕是一年前，纵然在我学习智慧文化两年后，我也是着实花费很多精力修炼内心，才做到"当断则断"。

本章原稿讲述的是十多年前我的一位女性朋友May的经历。当时的她在爱情的迷沼里艰难挣扎，先后对三个男人倾心，却始终处于爱而不得的困境之中，而那些对她心怀爱慕之人，又难以让她心动。

May对第一个男人的爱犹如飞蛾扑火，为了表达心意，她可谓倾尽全力。曾在火车上熬过漫长的一夜，只为能匆匆看他一眼；精心抄录下他发来的每一条短信，记成厚厚的笔记本，时常翻阅回味；在QQ上默默隐身，凝视着他的头像亮起又暗淡，心中五味杂陈；还在玻璃瓶中装满亲手折的彩色纸星星，每一颗都承载着她的深情告白；为他在CD上录满自己用心演唱的歌曲，在日记本里写满对他的思念与爱慕……然而，四次告白均遭拒绝，只因他只把她当作妹妹，这使她的爱情陷入无奈的僵局。她总是满怀期待地与我们分享他的点滴，渴望从中找到一丝被爱的痕迹，可每次只能泪流满面地面对残酷的现实。

第二个男人出现时，尽管May心里清楚自己不过是对方的"备胎"，但还是傻傻地应允成为他的女朋友。那个男人甚至毫不避讳地直言："我并不爱你，我们之间不会有什么结果，不过可以试着相处看看。"想亲近却不愿付出真心，约会时连吃麦当劳都要AA制（各人平均分担所需费用），让May在这段感情里饱受委屈。

第三个男人是May在异地工作期间结识的。初到他乡，孤独与寂寞如影随形，在对方甜言蜜语的猛烈攻势下，May毫无防备地沦陷了，全然不顾他其实已有一位在英国留学的女友。这个男人在她面前信誓旦旦地表示只爱她一人，对远方女友只剩责任，并且还声称已经向其提出了分手，只是因为多年的情分所以仍有联络。实际上,他一直在两个女人之间周旋,让May陷入无尽痛苦。她每晚睡前都忍不住偷偷关注那位女生的微博动态,越看越揪心。终于,她向朋友倾诉心中的苦水,朋友无情地戳破她的幻想:"你怎么能相信这些鬼话?"她仍执迷不悟:"他说他们已分手,只是考虑到她在国外的处境,不能太绝情。两个月后她回国,他父母逼他和她订婚,我想我该退出,可他说他很痛苦,我也能感受到他对我是真心的。"朋友当时既气愤又怜惜,打断她并索要那男人的电话,决心揭开他的真面目。拨通电话后,朋友开门见山地问道:"你到底爱May还是你在英国的女朋友?"男人虽然口口声声说爱May,随后却滔滔不绝地开始狡辩。挂断电话后,朋友立刻告知May:"他根本就不痛苦,我听到电话那头是欢快的KTV背景音乐,你被他骗了!"几天后,May与那个男人的感情以破裂告终,在姐妹们的劝导下,她回到上海,试图远离情感伤痛与纷扰。

在爱情的道路上,勉强毫无意义。甚至有些付出在不喜欢自己的人眼中或许只是负担。勇敢地选择放弃吧,因为他真的不属于你。与其在这无果的感情里苦苦挣扎、遍体鳞伤,不如整理好心情,挖掘其他自己感兴趣且有意义的事情去做。陷在错误的感情里,只会一叶障目,又何谈领略更美、更辽阔的风景呢?追求需要勇气,放下更需要。

我曾看到一个比喻,说的是假设我们手里紧紧抓着一个东西，这时，有一个强大的力量要把这个东西从我们手里夺走。那么，抓得越紧，你的手越容易受伤。如果及时把手松开了，那么受伤程度就没那么高。

有一位我曾见过几面的女孩，她是我初中隔壁班级的同学。小时候的她像个假小子，性格豪爽又直率。长大后我们偶然相遇，她打扮妖娆，前来和我打招呼，我惊诧地叫出："是你啊！"真是女大十八变，我虽觉眼熟，却很难把眼前的她与记忆中的假小子联系起来。她大大咧咧地坐下，开始讲述自己的经历。原来高中毕业后她就踏入社会，在服装店打工时，爱上了一个有妇之夫。那男人对她极为宠溺，任她使性子发脾气。她竟天真地认为他会为自己离婚。而当时，她正与那男人处于冷战状态，她也清楚这段畸形感情不会有好结果，家人也肯定不会接受，心里有过放弃的想法。可一旦那男人打来电话，她马上就眉开眼笑，之前的犹豫和退缩全都消失不见。

每当看到有人陷入错误感情时，我总会思考，那个让你魂牵梦绕的男人真的那么完美、魅力非凡吗？跳出当局者的视角，以旁观者的眼光来审视，你也许会发现他如此平平无奇，甚至品行欠佳、谎话连篇。他在你面前毫无顾忌地抠脚趾、挖耳屎、放屁，尽显自私与胆小。那你到底放不下什么呢？是他本人，还是想象中的他，或是自己在这段感情里的付出？是无法戒掉对他的眷恋，还是因为心中的占有欲，不甘心他不完全属于你？

面对复杂的情感问题时，我们要有基本的判断能力，甄别感情是否是健康的、符合道德的。如果一段感情充满了欺骗、伤害或者违背伦理道德，那当然应该果断地结束这种关系。事实上，这段关系，压根就不应该展开。

情感断舍离，如同在心上开刀，着实不容易。我想讲述几个自己的例子，以来分享一些心得和实用的戒断方法。

回忆追溯至大学的一堂高数课上，我平静的内心因一个男生而泛起涟漪。那日在课堂之上，坐在我身旁的几个女生时不时地扭头向后张望，叽叽喳喳地小声议论了一会儿后，竟纷纷拿出手机朝着后方拍照。我一向反感有人发出这般琐碎又吵闹的声音，在好奇心与厌烦情绪的双重驱使下，我转过身去想要看个究竟，才发现原来是"校草"坐在后面……我在高数课上担任着小组长的职务，主要负责收发作业本。当发到他的那本时，我默默记住了他的名字。巧的是，之后上课，他常常坐在我的正后座。这其实是一种自我暗示，幻想偶像剧照进现实。我在此之前是喜欢成绩好的男生，那是第一次因为帅气而对一个人心动。可能是好胜心和虚荣感作祟，毕竟有那么多女生像向日葵追寻太阳一般仰望着他。

略过讲述我们是如何熟络起来的，总之后来我们的关系发展到了两人经常约出来一起吃饭的程度，那种因为和他走在校园里而备受瞩目的感觉很好，让周遭女生羡慕不已（这也只是我那时候自以为的）。他穿着拖鞋陪我去图书馆看书；邀请我去看他乐队的彩排，我坐在角落听他声嘶力竭地演唱Lady（《女士》）；他说我长得像日本彩虹乐队的主唱，我佯装生气地追着他边跑边喊："喂，我可是女生！"他俏皮地回头说："拜托，他在我心中是最美的人！"；我为他最喜欢的日文歌填了中文词，以便他在学校晚会上演唱；我陪他坐在咖啡吧的椅子上熬夜看世界杯，困倦得靠在他怀里却紧张得根本睡不着……

由于短短三个月里发生了太多美好的事，所以当我听闻他在外校有女朋友的时候，瞬间崩溃大哭……我没有去问他在我和那个女生之间会选择谁，因为我们其实都算不上是在交往。那个女生派了她在我们学校的朋友悄悄打听我，传到我耳朵里的只有她们形容我是个"眼睛大大的女生"……

我告诫自己一定要放手，对于错误的感情，即便再痛苦也要毅然斩断，正如俗语所说，长痛不如短痛。和他断绝任何联络的那几个月，心仿佛被刀割一般，我都分不清这是因为舍不得放弃"和帅哥交往"的虚荣，还是因为我真的很喜欢他。那种难过到极致的感觉，以前并没有感受过。

我尝试过一些常见的方法，比如强迫自己删掉他的号码——这种方法几乎没什么用，很多人失恋的时候，删了加，加了删，都是内心戏。

再比如把生活安排得满满当当——这在有真正自己更感兴趣的事业时，起到过作用。例如，我曾经很喜欢一个人，但离开了他所在的环境，进入到新环境，兴趣点都在晋升上，而且又有其他人吸引我的注意力时，确实很快就想不起他来。所以，人的感情也是无常的。我们自身都难以确保对他人的感情会始终如一，又怎么能执着让对方对我们永恒不变呢？

不过，当时有一个念头，现在想来蛮有意思的，当时我问自己："到底是哪里在痛？从身上割下肉会痛，摔破皮会痛，可我明明没有缺少任何东西啊。心也没有少掉一块，所以痛在什么位置？所谓的'痛苦'会不会只是我的感觉？"

在此分享《妙色王求法偈》中的一段话：

由爱故生忧，由爱故生怖。若离于爱者，无忧亦无怖。

一位智者说："所谓失恋，无非被贪心所控。一旦走出，世界还是那个世界，没有谁不可或缺。"那时的我，智慧不够，尚未学习正见，对正念也毫无概念。总之，我对自己说"时间是最好的良药，一切都会过去"，是的，无论是相聚的欢乐还是分离的痛苦，都只是暂时的现象。

遇到任何逆缘，记得提醒自己：一切都会过去的。

我曾经做过一个梦，在梦中，我是一位男艺人的女朋友，可在现实生活里，我对他着实没有太多的印象。然而在梦里，那种喜欢的感觉极为真实，以至于当清晨醒来的那一刻，我竟有瞬间的恍惚，分辨不清梦境与现实的界限。我突然联想到永嘉大师说的"梦里明明有六趣，觉后空空无大千"。梦里的感情，是感情；现实中的感情，也是感情。论"感情"这种感觉体验来说，仿佛没有什么差别。而很显然，梦里的感情，在我醒来的刹那就消散了。

诸如电影《黑客帝国》中对虚拟世界与现实真相的洞察，以及《盗梦空间》里那层层嵌套、真假难辨的梦境设定，还有庄周梦蝶、笛卡尔的"普遍怀疑"、柏拉图的洞穴隐喻、荣格的集体无意识、量子力学等，这些影视剧、心理学、哲学与科学的视角共同指向一个核心命题：人类对"真实"的认知始终受限于感知和认识。佛教中有"佛是过来人，人是未来佛"的说法，表示佛陀并不是神明，他是觉者——他彻底地从轮回大梦中醒来。那么，我们是不是只要多保持觉知，认识到"感觉"虚幻不实的本质，我们便也能从对感情或者很多事物的执着中解放出来？

你若盛开，清风自来

想要感召好的姻缘，一定要把邪淫戒掉。

我认为，缘分大多是天注定的。能结成夫妻的人，福报得差不多，而且得有宿世的缘分，正所谓"百年修得同船渡，千年修得共枕眠"。

网络上有一对红人夫妻，常被众人嘲笑。女士曾是网友心中的女神，网友对她的感情生活十分关注，因此她结婚后大家都不理解，她也曾风光过，为什么偏偏嫁给这样一位老公。

老实说，她怎样生活是她的事，可你嘲笑她，造的是自己的口业。美国企业家麦克·罗区格西在他的书《爱的业力法则》中说过这样一个观点：想成就，首先要协助别人成功，自己所求的成就自然就会回来。在爱情中也是如此，如果你希望拥有美好的爱情，那么先去帮助他人获得爱与幸福，种下这样的业力种子，你也会收获属于自己的美好爱情。

业力法则认为，人们的所思、所言、所行都会产生相应的业力，而这种业力会以某种方式影响未来的经历和结果。在爱情关系中，人们所做的每一个选择、每一个行为，都会产生业力，进而影响感情的发展。

你在造作，别人也在造作，人人的福报都有增有减，夫妻缘分也在这种动态平衡之中。所以那句"你若盛开，清风自来"是有点道理的。你播种善行的种子，便有概率盛开福报之花，自然能匹配如"清风"般的好姻缘。

好姻缘并不等于嫁给或娶到有钱人。两人在一起，关键在于能否促使彼此朝着积极正向的方向改变，若能如此，便可称之为一段不错的姻缘。即便单纯从财富的狭隘视角去考量，假设他现今开着宝马，可如果和他结婚后，你反而变成整天愁眉苦脸、缺乏安全感的怨妇，那你并不快乐。反之，即便他当下只有自行车，但在与他步入婚姻殿堂后，你们携手一起努力生活、一起实现梦想，你变得比原来更真诚、更快乐、更有信心和希望，那这样的结合比前者幸福多了吧？

很多人只留意你的鞋子好不好看，只有你自己才感受得到脚穿着它们舒不舒服。纵使钻石再大，指环不是你的尺寸，强行戴着也还是别扭，而且比合适的小分钻戒更容易丢。

龙树曾对乐行国王说，伴侣应该要舍弃"三贼妇"。因为乐行国王是男性，所以这里的用词是"妇"，读者们若是女性，我们也可以用这个标准参照，舍弃有相应特质的伴侣。

第一种像是仇人，内心恶毒，甚至会杀害自己的性命。

第二种像是老板，总是欺凌、轻视自己。

第三种像是小偷，再微小的东西都要占有、偷取。

所以，选择伴侣，人品和心性是最重要的。当然，你自身的品德和心性也不能差。倘若自身的品德不佳、心性不良，那恐怕难以遇见拥有良好人品和心性的伴侣。

还有，拿面对其他机会来举例，以前我会想："要是我能有幸加入那个组织该多好啊，现实却是我只能进入眼前这个组织。"其实，目前进的这个组织也是很好的，并且这样的机会对许多人而言已经是极为难得的了。然而，除了感恩，我仍然滋生出了一种"不知足"的心理。事实上，我之所以进这个组织，是因为我的能力刚好与之相匹配。平心而论，更好的，我不配进。倘若我一直抱着嫌弃这个机会、向往那个机会的心态，不但无法收获快乐，反而会将原本能够带来快乐的事情变得索然无味。再者，我看着其他人在认真地为组织效力，为让它变得更加璀璨而添砖加瓦，不禁自省：我为什么不用建设它的心态对待呢？把对这个机会的要求、标准、不够满意，转变成建设它，让它变得更好的动力。

"另一半"这个机会也是一样的，对现有的伴侣挑三拣四，会不会只是因为"自我感觉过于良好"？就像过去的我一样。

有多少人在每年的4月1日，借着愚人节，鼓起勇气向心仪的人表白？

那时的我心里装着一个人，周末都变得无趣，只想赶快回学校看到他。他在的那个方位有种莫名的魔力，同样是阳光下的大地，那个方向却好像总是更具暖意。眼睛好像会骗人，随便出现个人影都感觉像他。会偶遇吗？又期待遇见又害怕遇见，真的见到他，那种小鹿乱撞般的心跳又是如此强烈。如果他碰巧上课坐在我的左后方，天哪，整个学期下来，我都快得斜眼症了。

他对我也有意思吗？他也在看我吗？每个暗恋中的人都有当侦探的潜质，抽丝剥茧，寻踪觅迹，发现一点"线索"都可以毫无预兆地兴奋半天，若是看到他和其他女人走在一起，那股酸意真的能让心情瞬间低落下来——最酸的不是吃醋，而是你吃醋的资格都没有。于是找姐妹淘诉说心事、听情歌沉浸在悲伤里、一个人逛街旅行，走走停停……他的模样在脑海中，挥之不去。

还有一种，叫"友达以上，恋人未满"的关系，互相吸引、彼此在意，偷偷猜测对方心思，明目张胆地关心送暖，哪怕是吃醋，也可以用"重色轻友"的借口理直气壮地数落对方……这个状态既有恋爱的甜蜜又有暗恋的期待，不过极其短暂，像栀子花开。

之所以短暂，是因为人性有贪欲，想占有，会嫉妒，要求永恒。

有缘，自会在一起。无缘，强求也徒劳。

姻缘，不是你期待就会来的。当缘分未到的时候，你想找也找不到；当缘分到的时候，你不想遇到也躲不过。就好好地专注于自身的成长，如果有愿望去收获积极的果实，那用心去种下诸如"利他、关爱、陪伴、感恩、赞美"之类的种子。命里有时终须有，命里无时好好修。相由心生，内在状态改变了，面相也会随之改变。正面的心态，不仅反映在脸上，还会让人浑身上下都散发着光芒。学会接纳自己，每个人都有优点也有缺点，让自己处于正面的能量状态中。只有接纳了自己，才能更好地接纳别人。你指望另一个人来救你出苦海，这是不可能的。享誉世界的心灵导师，被美国《时代周刊》誉为"20世纪最伟大的五大圣者之一"的克里希那穆提在《关系的真谛》里说："人只有身心和谐，才可能与他人和谐共生。交往时我们应牢记心间的不是关注别人，而是自己。"

况且，就算是有缘，可到底是善缘还是恶缘，也不一定。有句话说："夫妻是缘，无缘不聚；儿女是债，无债不来。"善缘可能表现为相互扶持成就事业、家庭和睦；恶缘则可能引发无端争吵、矛盾冲突。哪怕是正缘，相处过程也应该遵循因果法则，不做伤害对方、破坏关系和谐的行为，以善因促善果。否则，欺骗、背叛、伤害，只会形成新的"缘起"，那么正缘也会导向不正了。

总之，无论是单身、已婚、善缘、恶缘、有孩子、没孩子，都是修行的道场。懂得感恩和珍惜，关注对方的优点和付出，而不是只看到缺点和不足。我弟妹对此就做得非常好，几乎从来不会在背后说任何人的不是。她美丽大方、耐心热忱，听得进意见，也善于沟通，像一束柔和的光，让身边的人都能感受得到她的真诚与暖心。而过去的我，就是个反例了。学习智慧文化之前，我仗着自己比较聪明，训斥另一半，或者情绪没有办法抒发的时候，会找闺密"吐槽"。再或者当我与他人发生争论时，执意要求另一半必须站在我这边……像这样，就算是好姻缘也会被"作"没的。

我之前写过一首歌词，歌名叫作《爱是一场修行》，多年前已经上线至各大流媒体平台。抛开歌词内容，这歌名倒是歪打正着——爱，就是一场内在的修行。或者说，修行本来就是要放下自己的控制欲，调整以自我感受为中心的坏习惯，学会真正地为他人着想，那么，"爱"便是其中一个修炼场。

对于在乎的人，比如我弟弟，我以前也会常常把自己认为很好的机会给他，他如果对此并不感兴趣或予以拒绝，我就觉得他怎么那么不懂珍惜或者愚笨懒惰。其实，真正愚笨的人是我啊。

这分明就是我没有尊重个体之间的差异与多样性，固执地将自己主观判定的"好机会"强加到他身上。那时的我，完全没有意识到自己这种行为背后隐藏的掌控欲，认为"我这是为你好"——听听这个词，多可怕。我的强势虽然我自己并没有感觉到，却让他想逃离。好在随着我不断地自我修行，逐渐放下了这种执着。而弟弟也明显感受到了我的变化，如今我们家的氛围也因此变得和睦且充满爱意。有一种仁慈是：允许自己做自己，允许别人做别人。

曾经有人问，什么是真爱？一行禅师回答说："真爱是慈、悲、喜、舍。"读者们如果想了解其内涵，可以去网上搜寻原版视频。禅师对此的阐释，我觉得可以反复体会。

如果遇到了有缘人，虽然我知道这个建议提出来可能会被人耻笑，但作为自身吸取的教训，我还是真诚地建议："婚前不要发生关系。"这在当今社会是很难的。不过，难的事情做到了，才难得啊；简单的事，谁都能做的事，做了又有什么稀罕？

我真诚地建议各位，在发生关系之前，谨慎考虑后果，做好周全的准备与规划，这是对生命最基本的尊重与敬畏。

播撒善意和爱的种子，它们终会生根发芽。愿我们每一个人，都能在爱别人的历程中，体会付出爱的幸福，洞察爱的本质，进而收获被人爱的幸福。

平常心待人，自然花见花开

在高处的时候看得到别人的好，在低处的时候看得见自己的力量。

我推崇"高调做事，低调做人"。也许有人会问："做事一旦高调，不就意味着会更受瞩目吗？那还怎么低调呢？"就像我过去把这句话当作座右铭，也有人疑惑："你若想低调，为何还要写书、演讲、接受采访，把作品推向公众，这样如何低调得了？"

其实，所谓"高调做事"，依我之见是指"尽人事"，以一种积极且专注的态度，倾尽全力去践行使命。为此，你勇敢，你精进，你所向披靡……当然现在的我与过去相比，意识到具体执行层面之外，发心也很重要。发心，有点类似于"发起内心的愿力""动机"的意思，就是说，哪怕做的事情是一样的，但如果以利他为目的的发心，是长养善根、积累福德的；如果以自利为目的的发心，往往副作用比较多。稻盛和夫也说过："如果动机是善意的，事情自然就会朝好的方向发展；反之，动机邪恶，那么不管多么努力，事情都无法顺利推进。"知道了这个道理，我现在做事的初衷就会调整，避免为了自身博取名利。所以，这指的是在"因"上努力的"高调"，绝非虚荣地炫耀。

而"低调做人"指的是谦恭。不管处于何种身份、地位，取得何种成就，都要不卑不亢、不骄不躁，既不高估自己，也不贬低他人。始终保持平常心，看得到自己的不足，也望得见别人的光芒，信服得了盟友，称赞得了对手。不趋炎附势，不嫌弃弱者。对老板、总监能微笑问候，对扫地阿姨也能亲切招呼，对所有人一视同仁。不攀比、不炫耀，这就是的低调。

试想一下，你因为有某项才华就趾高气扬、不可一世，是不是让人讨厌？相反，你专注自身修炼，用实力说话，不张扬那些虚浮之事，当别人发现你竟有这般才华时，难道不会对你由衷赞赏？

我的朋友墨子攻，如今已是"香港游艇大亨"，他曾在一家大型美资公司担任CFO（首席财务官）。那时公司的司机都是他招进来的，他特地挑选了懂英文的司机。这些司机师傅看似与老板们所处层级相差甚远,但实质距离最近,宛如"隐形眼睛"。他们负责接送各大老板和客户,老板爱乘什么航空公司的班机,喜欢哪家餐厅,何时何地到哪家店买了包装精美的礼物,在车上给谁打电话,大概说了些什么……司机都知道。因为他和司机师傅们关系融洽,所以墨子攻能知道很多老板本人不会说的事,探得他们的喜好和最近的心情状态。这就是为什么公司的CEO或大客户总能对墨子攻的安排感到惊喜和满意。

对于这一做法,在研习智慧文化之后的我,不予以评判。之所以保留这个案例,是想表达,即使是在世俗观念里不起眼、常被忽略的角色,其实也有他的视角,有他的智慧,因为他是真真实实、有血有肉的人。

前两天发生了一件小事,我在办公室伏案改稿,保洁阿姨进来打扫,我无暇顾及她,继续盯着电脑打字。眼角余光隐约看到她在我桌前驻足。我抬起头,问:"怎么了?"阿姨这才开口说道:"童总,桌子要不要擦?"就在那一瞬间,我好像突然领悟到了什么。没错,我有自己的工作要忙,而阿姨也有她的工作职责。从我的视角,就是"大家不要来打扰我";从她的视角,就是"童总这张桌子她到底要不要我擦?"。

此后,我在路上看到很多人,来来往往,或在路边专心地摆放盆栽,或在拐角处细致地擦拭着自己那辆卖糕点的小推车,或是在街边认真地给自行车链条上油,或是在楼道专注地整理着快递包裹并将一个个包裹仔细分拣……回家,看到妈妈往锅里倒了一些油，准备热锅炒菜，爸爸刚把冰箱上的摆件拿下来，擦了擦。大家都在全神贯注地做着那些在"我"眼中可能并不重要的事情，不是IP打造，不是商业谈判，不是合同签订后的庆功宴。可是，那些都是一个个认真的人，认真地做着一件件平凡的事。那些，也是构成这个世界的一部分。

我在DS集团任职期间，留意到一个颇为有趣的现象：集团内的总监们大多平易近人，在全中国多达1万名员工的规模里，总监、总经理级别的人员占比不足1%，而这些历经风浪、资历深厚的管理者，见到他人时几乎都会浅浅地鞠躬打招呼。相反，我却看到过专员对着保安大声训斥，完全不顾及对方的尊严。

在DS集团，每个当上分公司总经理的人都是有两把刷子的，出色的业绩不是光靠职场经验，更靠人格魅力，而这人格魅力，就是谦和低调。经销合作伙伴们之所以愿意为他们效犬马之劳，在众多竞争企业中选择与他们合作，倒不完全是为赚钱，行商到一定程度，合作商们更看重的是感情，所以既谈生意也讲义气。我和分公司总经理们及经销商吃饭聚会，他们都是互相敬重，诚意交谈，把对方当弟兄，既赚了感情也赚了钱，达到共赢。某个经销商曾说："我很感恩张总，是他把我拉进这个圈子，如果没有他，就没有我们公司的今天。他虽是总经理，但待我如兄弟，我愿意再和他合作十年，二十年，三十年！"

受榜样们的影响，那时在公司，我每次见到做清洁的阿姨，也会笑脸相迎并问好，有时搞得阿姨都不好意思了："哎呀，你一直那么客气，你们见到总监打招呼是应该的，你跟我一口一个'阿姨好'，阿姨都快不好意思了。""有什么不好意思的，见到总监要打招呼，见到阿姨也要打招呼。对我来说，都是一样的。"阿姨虽然是整个三楼办公区的阿姨，但貌似格外喜欢我、"照顾"我，茶水间热水壶的水开了，她有时都会特地端过来替我倒上。

在企业餐厅从打饭的阿姨手中接过午餐时，我也会点头微笑说："谢谢，辛苦！"起初，阿姨们对此表现出受宠若惊的模样，大概是因为太多人将她们的服务视为理所当然。然而，日复一日，在每天服务众多员工的过程中，她们记住了我，偶尔还会关切地询问："今天你这么晚才吃饭啊，肯定很忙吧？"甚至会为我留下我喜爱吃的菜品。

乘坐公司班车时，我也会礼貌地对司机师傅说"谢谢！"。后来我自己开车上下班，司机师傅还会主动打电话询问："哎，童小姐，你今天不坐班车吗？要我等你吗？"

对于保安大哥们，我也是进出大门时必摇下车窗打招呼。所以尽管公司车位紧张，他们也会想办法帮我挪一个空位出来。

值得强调的是,待人尊重和关爱还是应该发自内心,而不是出于利益考量或表面的礼貌。虽然当时我因为自身的言行获得了一些便利,但实际上最大的收获来自心灵。当看到他们因被尊重而露出喜悦时,我由衷感到快乐。这大概就是智者说的"心灵因果"吧,就是说,我们的行为举止在当下就能产生作用,不仅影响着他人的心境,也会在自己的内心种下善的种子,带来正向的回馈。

很多人还没熬到秋天结出果实,就已经在春天犯了"自大症",于是本就炎热的夏天也变得格外漫长。我曾目睹过一件趣事,那次我前往一家企业参加他们的内部讲座,讲座完毕后,坐在我右侧的女孩满脸笑容,礼貌地向身旁的几个人递上自己的名片,并且询问是否能够添加大家的微信。就在我们欣然准备拿出手机之时,有一位女士正眼都没瞧她地说:"没关系。"意思就是不用加。我望了她一眼——打扮靓丽,妆容精致。

递名片的女孩脸上闪过一丝尴尬,但立刻装作没事,看那位女士拿出手机想要和主讲者拍照,便说:"我来帮你们拍吧。"等拍完,女士又用鼻孔看了她一下,连谢谢都没说就把手机抓了回去。在旁听这位女士和主讲者交谈时,我得知她是在这家企业实习结束后,进入了一家奢侈品公司工作。正聊着,企业的大老板走了进来,女士立刻迎了上去:"谢谢公司一直提供那么棒的讲座,连曾经实习过的我们都有受益。"老板笑盈盈地回答:"你们觉得有用就好。来,给你们介绍一下,她是我女儿,刚从美国回来。"然后用手指了指刚才那位递名片的女孩……

对地位比自己高的人阿谀谄媚，对地位比自己低的人冷眼不屑，这是普通人。

对地位比自己高的人淡然自若，对地位比自己低的人谦逊有礼，这是聪明人。

社会上大部分人嫌贫爱富、趋炎附势，然而，聪明的做法应是反其道而行之。

面对地位高的人，过度拍马屁往往收效甚微，因为他们身边这类人太多了。就像你跑到富豪、明星或者名人的微博下留言一百遍："我爱你！你真厉害！"对方也大概率不会因此把你列为关注对象。但我还是鼓励大家真诚地表达赞美，只要赞美是由衷的，不但客观上能让对方开心，主观上其实也是滋养你自己的心。你有看到美和优点的眼睛，至于自己能否被看到其实不重要。基于真诚表达的赞美，比如"哇，老板，您真睿智，考虑那么全面，真让我受益匪浅"，其实就很不错，对方也能感受得到这股能量，而不是出于晋升目的或刻意讨好而虚情假意。实际上，若自身有能力、有本事，能淡定自若地与他们阐述观点、交流想法，反而可能获得赏识。此时，你就以从容且让人舒服的方式展现才华，助力伯乐发现自己。毕竟，若一个老板仅依据他人的奉承来决定亲疏关系，那他会是个有才干的老板吗？

对于地位低的人，也不应轻视或傲慢。相信大家对这样的场景并不陌生——你到一家餐厅用餐，遇到了笨手笨脚的服务生，在几桌客人之间跑来跑去，嘴上说着："哎，哎，马上来！"看着挺忙碌，可愣是哪边都没及时照顾到，好不容易上菜了，还上错了。万一此时，他还匆匆忙忙没看路，撞到了你的桌角，你会做出怎样的反应？马上摆出一副极为重视"服务质量"的姿态，然后开始疾言厉色地教训对方？或者不去考虑周围有多少双眼睛在看，也不曾关注店长是否就在旁边，只是自顾自地噼里啪啦说个不停，直说得对方羞愧得抬不起头来？甚至要求把经理叫过来一起训？

其实，站在对方的角度想问题，往往容易理解得多。将心比心。不要盛气凌人，不要得理不饶人；要有容人之量，得饶人处且饶人。纵使觉得人家服务不周到，微笑地说："没事，请帮我重新换一盘就好，谢谢！"这样，事情也能解决，且照顾到了人家的面子。

给别人颜面，就是给自己体面。

记得2014年，正值樱花烂漫的季节，我和某省的前副秘书长一行人相约去武汉大学赏樱花，随后顺道到汉正街吃午餐。几个人点完菜，正聊着，突然，哗的一声，一个服务生不留神，把茶水洒了，当下紧张地往后缩了一下，随后连连道歉。可在座五个人的反应几乎出奇地一致，进出的第一句话都是："你没烫到吧？"那位服务生愣了一下，也许她以为会遭遇客人的苛责……出去之后，她再回来上菜，非常小心仔细，我们临走时，还不忘鞠躬说谢谢。

Respect people's feelings.Even if it doesn't mean anything to you,it could mean everything to them.（尊重他人的感受，尽管对你而言不意味着什么，对他们而言却是全部。）

很多人渴望的就是平等、尊重。当你有一颗源自内心深处的平等心，从根本上坚信你们之间是平等的，那你的优越感自然就失去了滋生的土壤，也自然会在生活里做到不歧视、不傲慢。六祖慧能大师说："当你具备平等心，这就是德。"平等心，恰恰能够彰显出内在所蕴含的深厚底气。傲慢心，实际上则是映照出内心在一定程度上的空虚与匮乏。

只要认认真真生活，就值得尊敬。我想起高中时候在公交车上看到的一位中年男子，西装、西裤，拎着黑色公文包，穿着有些旧但擦得十分干净的皮鞋，安静地坐在我对面右前方的座位上。我看着他，认真的表情，注视着前方。在那一瞬间，望着这位素昧平生的陌生人，我竟有些心疼，至今印象深刻。虽然坐在公交车里，但依然西装笔挺，像电影《当幸福来敲门》的男主人公一般，即便身处困境，却依然怀揣着对生活的热忱，努力维持着自己的体面与信念，坚定地朝美好生活奔跑。

智者说:"我们在世间生存,离不开大众的付出。只有我为人人,才能人人为我。"

平等心,意味着摒弃偏见与傲慢,更不以外在的身份、地位、财富等因素去评判别人。而拥有平等心的人,自身也会散发出一种独特的魅力和能量场,吸引着他人靠近。我们予人价值与尊严,自然也能收获无尽的温暖与善意,从而邂逅那处处盛开的繁花盛景。

大智若愚,装傻也是一种自我成全

放下较真、强势、套路,回归纯净、简单、质朴。

本篇说的"装傻",不是伪装,不是表面上佯装不知、故作糊涂,而是源于内心深处的境界——大智若愚,是对自我和他人的一种洞察与慈悲,反而是智慧的自然流露。

真正的"装傻",是建立在对事物本质的清晰认知之上。知道世间万物皆处于不断的变化之中,且表象往往具有迷惑性,所以不执着于这些表象。尤其是许多事情的真相远非表面所见那般简单,过度地追求表面的聪明和精明,只会让人无法穿透表象去洞悉事物的本质和内在联系。

看似精明的人，总是急于在每一个细节上争个是非曲直，试图证明自己的正确和优越。可这种做法常常引发他人的反感、抵触，使自己陷入孤立的境地。而"装傻"的人懂得在很多情况下，不必过于计较一时的得失和对错，以一种更为包容的心态去看待他人的言行。每个人都有自己的立场和观点，这些差异并不一定意味着冲突和对立。通过放下对表面精明的执着，我们能够以一颗平和的心去接纳他人，从而避免因过度计较而带来的烦恼和痛苦。

就拿我自己来说，以前在家中，我常常执着于分辨对错，可家庭又不是一个单纯讲道理的地方，父母有时已经不想再继续争论了，我还是想强行跟他们掰扯逻辑。现在想想，很多时候所谓的对错不过是主观感觉罢了，有些甚至是错误的认知。就像有一次公司去澳门办活动，弟弟满心欢喜地送了我一盒韩国平价品牌的护肤套装，我不但没有对他表示感谢，反而数落他怎么送我这么便宜的东西。我以礼物的价值定性为送礼人眼中我的价值，着实势利。当时我还对他说："你看那谁谁谁，今天飞澳门见到我送的是LV披肩……"随着我对智慧文化的学习，心性逐渐改变，我才惊觉自己彼时的浅薄与愚痴。

一个"和"字天地安，家和方能万事兴。

生活中，我们应该把"坚守底线"用于原则性的问题上，比如止恶、不杀生、不偷盗、不邪淫、不妄语、杜绝违法犯纪、不做破坏道德的事等。而面对非原则性的问题，要做的就是慈悲和宽容。

从小到大，在考试成绩上，我弟可能不如我，但他和父母的关系确实更加融洽。直到我学习智慧文化，心性改变后，我才开始真正看到他们、听到他们。海灵格有一首诗，叫作《看见》，其中有一段是——

当你只注意一个人的行为，你没有看见他；当你关注一个人行为背后的意图，你开始看他；当你关心一个人意图背后的需要和感受，你看见他了。透过你的心看见另一颗心，这是一个生命看见另一个生命，也是生命与生命相遇了。

在一次交谈中，我说："你看，刚才妈妈说的话是不是很伤人？"弟弟说："那是因为你太较真了。"是啊，为什么同样的话，母亲对我说，我就很生气；但对我弟说，他就当作玩笑，一笑而过？难道是因为他更豁达？像本书前文所说的，假设母亲说不中听的话是第一支毒箭，那为什么我会反复插自己第二支毒箭？

再者，若是从我的视角，看到母亲对我弟说了不中听的话，我是什么感受？会不会反而有点幸灾乐祸地在旁边看热闹？——我会的。所以，问题出在"我母亲说了什么"上吗？她夸了我，我开心；同样的话，她夸了我弟，我心里嘀咕：那我也不差。她讲了我几句，我不开心；同样的话，她讲了我弟，我就差拆一包瓜子磕起来了。她的话是一样的，我的喜怒却如此不同。

从那以后，我就开始思考"较真"这个词。较真的人，其实是执着于自己所认定的那一部分"真相"。而太较真的人，往往是将自己的想法、标准视为绝对正确、不容置疑的。但你们仔细回忆一下这一天，或者这一个礼拜，有多少事是能从源头较量出对错的？

而且较真，往往伴随着嗔恨心和掌控欲，执着于自己的做事方式是最好的，对于他人不同的做法就难以接受。对于不符合自己观点和期望的事情，甚至容易产生愤怒、不满等有害情绪。更强势的，会要求别人就应该按照自己的想法做事，看不到事物的多元性和无常性，被困在自我设定的框架中。而现实生活当然无法实际地实现掌控，所以痛苦和烦恼便接踵而来。

人们通常所理解的"精明"，往往表现为在各种事务中过度计较个人得失、善于算计、追求自身利益的最大化，以及试图在人际交往中占据上风，这种精明看似能够在短期内获取某些物质或满足自我虚荣心，但从长远来看，它实则存在诸多局限。例如，在商业活动中，过度精明的商人可能会为了追求短期利润而忽视商业道德和社会责任，最终导致企业信誉受损，失去可持续发展的根基。在人际交往中，精明的人可能会因处处算计而失去他人的信任和真诚的友谊，使自己陷入孤立无援的境地。

听听这个词——"精明",就跟"仁慈"挨不上太多边。既然精明了,也相当于放弃了积阴德。从来没听说过"精明"能积福的。所以,即便带来了成果,那也是短暂的、表面的,更不可能带来真正的内心满足和长远幸福。

不精明并非意味着变得愚蠢,反而是运用智慧,去看清事物的本质和因果关系,明白短期利益与长远利益、个人利益与整体利益之间的相互关联。

在诸多传统智慧经典中,我们不难找到对这种理念的深刻阐释。《道德经》有云:"大智若愚,大巧若拙。"真正具备高深智慧的人,往往不会刻意去展露自己的聪明,反而看起来好像愚笨木讷;那些拥有非凡技巧的人,也不会大肆炫耀自己的能力,而是表现得笨拙质朴。这当然不是在宣扬真正的愚蠢与笨拙,而是在教导我们超越表面的聪明伶俐,回归到一种更为深邃、内敛的智慧境界。

在生活中,许多人总是试图通过展现自己的聪明才智来获得他人的认可和赞赏,为此不惜付出巨大的努力去追求完美,甚至伪装自己。然而,这种对自我的过度关注和伪装往往会失去真实的自我,陷入焦虑和疲惫之中。"愚"人则能够坦然面对自己的不完美,他们不害怕暴露自己的不足,也不会因为他人的批评或嘲笑而动摇自己的内心。诚然,真正的成长和进步来自对自我的诚实和接纳。承认自己的不足并不意味着软弱，而是一种智慧和勇气的表现。

在人际交往中，"精明"和"装傻"的差别也十分明显。比如说邻里之间，难免会因为一些生活琐事产生矛盾。"精明"的人可能会立刻与邻居理论，要求对方改变行为，甚至不惜恶语相向，这样做往往会导致邻里关系变得紧张。而"装傻"的人则会选择以平和的心态去沟通，尝试理解邻居的处境，然后用友善的方式去解决问题，使邻里关系变得和谐。都说"远亲不如近邻"，真的到了关键时刻，邻里间平时积累的情谊会发挥巨大作用。

历史上蔺相如和廉颇的故事，我们在课本上读到过。蔺相如在面对廉颇的挑衅时，并没有选择与之针锋相对，而是选择"装傻"回避。因为他深知赵国的安定需要将相和睦，个人的荣辱得失并不是那么重要。后来廉颇认识到了自己的错误，负荆请罪，两人最终成为刎颈之交。

"得道者多助，失道者寡助。"这是亘古不变的真理。

在企业管理中，一些成功的企业家并不追求个人的绝对权威和利益最大化，而是注重员工的发展和团队的凝聚力。他们倾听员工的意见，给予员工足够的信任和空间，看似"装傻"地将部分权力下放，实际上激发了员工的积极性和创造力，使企业获得了更大的发展。

在情感关系里，世间男女在相处过程中常常会因过于精明而产生诸多问题。比如，有些人在恋爱的时候总是计较付出与回报，试图衡量对方对自己的爱意是否对等，只要稍有不如意，心里就会生出怨恨。这种精明的态度会让原本美好的爱情变得功利而脆弱。相反，那些懂得在情感中"装傻"的人，能够更加包容对方，不会因一时的得失而斤斤计较，而是用心去感受对方的爱意，以真诚去维系感情。就如同杨绛女士与钱钟书先生的爱情，他们相互理解、包容，不苛求对方，在艰难的岁月里携手前行，共同书写了一段美好的爱情佳话。他们的爱情并非建立在精明的算计之上，而是对彼此的尊重与爱，这种纯粹而深厚的感情，正是放下精明、以真心相待的结果。

太精明，何尝不是一种另类的刻薄呢？我观察过几位情感"专家"，都是出了书的，其中有几位我还认识。他们把感情问题"剖析"得好像很透彻，对读者们写信求助的那些情感问题，也都能"一针见血"地给出犀利回复，教读者应该这样、应该那样，就好像他们是别人感情世界里的判官。可我们的问题就是太容易美化自己的感官了——自己认为是对的，就觉得一定是对的，自己认为是错的，就死活不能是对的。

比如说有这样两对夫妻，他们都是你的朋友。其中一对夫妻十年来一直相亲相爱，可是有一天你无意中得知丈夫三年前背叛过妻子，那这个时候你要不要告诉她真相呢？还有一对夫妻同样十年来相亲相爱，可要是时光倒回到十年前，女方哭哭啼啼地来找你，说男方当时爱的其实不是自己，只是因为刚被前女友甩了，才和自己交往的，那这个时候你是劝和还是劝分呢？

不是"变"幸福，而是"感受"幸福。想要幸福，先要抛开有关幸福的执念。

别人傻得很幸福，你又何必非要把人家从你认为的泥潭里拉出来呢？你以为自己洞若观火，可在人家眼里，或许是你过于精明，失去了简单的快乐，而人家带着那份质朴的傻气，安然幸福了一生。

第四部分 生活断舍离

——不迷恋，不堆积

letting go

安全感非外物可筑：
愈是堆积，愈显匮乏。

内心减负,生活变酷

本书并不会涉及物品整理的知识,因为那不是我擅长的领域,也没有太多实践。我在深圳有一位女企业家朋友,她秉持素食主义理念,在寸土寸金的深圳,慷慨地将自己一套一百多平方米的房屋腾出,无偿提供给热爱素食与正念生活的朋友们使用。有一回,她为一群新朋友展示怎样以正念的方式整理衣物,只见她将衣服逐件仔细折叠,而后轻轻放置。令人意想不到的是,现场有一位女士被这无声的场景深深触动,不禁感动得泪流满面。

济群法师曾多次谈到"断舍离",对我影响深远。我见过他一次,真的是一位超级纯净的、可爱的、慈悲的、和善的大德智者。他曾讲过一场以断舍离为主题的讲座,其中由浅入深地提到了对物品的整理,对时间的整理,对人际关系的整理,再到对心灵的整理。"让生活有序""让内心清净",不喧嚣、不混乱、不浮躁,追求高尚的人格,并且要有正念的生活。倘若大家对此感兴趣,不妨在网络上搜索原音频,真的非常精彩。想要学习并实践真正意义上的"断舍离"智慧,我强烈推荐大家阅读法师有关"断舍离"的正版书籍。

既然已有大德珠玉在前,我自感才疏学浅,难以企及那般高度与深度,于是思忖这个章节不妨转换方向,来分享一段关于我曾经容貌焦虑的经历和克服它的小心得吧!

其实这是一个关于不自信的内容。很多人也许会诧异——你也会不自信?是的,有过,对于外貌。

大学像极了一个藏在象牙塔里的小社会,云集了来自全国各地的美女,她们仿若自带光芒,总能吸引众人的目光与呵护。校学生会,这个被些许功利光环笼罩的地方,文艺部更是以美女云集而自傲。我去面试那会儿,一个学姐问我会什么,我说我会画画,说完在教室的黑板上画了一棵大树,树边上是小木屋,小木屋所在的草地上点缀了些花朵,前方不远处伴着一条长长的小溪。于是我就进了文艺部——他们这儿不缺美女,但总需要人出出海报、打打杂吧。

还真被我预言中了,我在校学生会搬过道具、借过钢琴,跑腿也算勤快……在这里最大的"福利",恐怕要算我能最先一批拿到几张校园文艺晚会的票。当时的《组织行为学》课程来了几名香港交换生，出于作为"东道主"的礼节，我主动走到她们面前说愿意送她们票，邀请她们有空可以去观看演出。她们愣了一下，对看一眼，不知怎么回应我，好像并没有完全听懂我的普通话，又怕伤害我的热情，就将两张票接了过去，随后用不标准的普通话说："谢谢，请问我们要给你多少钱？"——她们果然没明白，我重复了一句，带着一种不求回报的坦然："送你们的。不用钱。我是校学生会的。"她们顿时显出不敢相信的喜悦，连连道谢。

眼看一年过去了，部门里的美女们都有了多姿多彩的发展：有些被升了职，有些被推荐参加校园形象大使选拔，有些被推荐主持校园歌唱大赛……又一届新生来学生会报到了，而我，还是个小干事。

丰富多彩的大学生活处处冲击着"平庸之辈"的自信。这么美的校园，我却独自坐在湖畔，满心落寞：我究竟算优秀吗？模样好看吗？

我拿出包里"袖珍"的小镜子，凑太近看不全完整的一张脸，将镜子举远又嫌看不清晰。总之，普普通通的发型，戴了一副普普通通的眼镜，并没有多少姿色……

不过，天生开朗的个性并没有让我被这种失落感牵绊太久。我站起身来，穿过校园，朝着校门外走去，沿途仔细打量着那些与我擦肩而过的人。我前往附近的理发店烫了一头卷发，又到眼镜店买了隐形眼镜——当时，我打算从当下立刻能够着手去做的事情开始，试图通过改变外在形象，来调整自己的心情。想着，古人云："女为悦己者容。"可如今，难道不是"女为悦己而容"吗？描了个淡妆，脚步也仿佛轻快了许多，我告诉自己一定要自信，并努力挤出一丝微笑。

谁知这浅浅的一笑居然让心情豁然舒畅，随后竟呵呵大笑起来——所以大家在感到泄气的时候，一定要记住，嘴角上扬。肌肉是有记忆的，能带动你对"快乐"的感知。然后，你会由衷地感受到：自信是最好的妆容。

大学是好多女生对护肤品的迷恋时期，源于对自己外貌的不自信和希望变美的强烈愿望。我是经历过瓶瓶罐罐时期的，时常在大小商场护肤品专柜流连，心里坚信那些产品背后写的功效不久后就能在我脸上实现，能够将脸蛋变成剥了壳的荔枝那样晶莹剔透。于是，买了大瓶小瓶的"便宜货"，把自己当成小白鼠。那段时间，别人推荐什么好用，我就有跃跃欲试的冲动。在变美信念的驱使下，我几乎到了能背出所有成分功效的地步。我一天洗两次脸，洗面奶来回搓，洗到脸干绷绷的，才认可洗出了所有污垢，之后按照所谓的"正确的护肤步骤"一层一层地涂，爽肤水、精华液、乳液、隔离霜……终于把皮肤折腾得越来越薄和敏感。我甚至夸张到在21岁时就尝试用"活肤霜"，结果极为糟糕——里面含有的水杨酸成分致使原本就敏感的脸颊直接出现了两大块溃烂，为此还去了一趟医院，涂抹了一个月的药膏，每天出门脸上都顶着两块白白的东西，引人侧目……可我依旧没有吸取教训，屡败屡战、屡战屡败，在痘痘的此消彼长中，继续期待奇迹出现。有这种迷思的不只有我，仅仅在我身边就有好几个。女生看到痘痘就像看到恶魔一样，一照镜子，一天的心情就低落了。想尽办法"战痘"，却越战越受挫。况且身处大学校园之中，周围都是来自五湖四海的美女，这便带来了落差感——中学时还好歹收到过几封情书，一到大学怎么平庸得像隐形人。

对待皮肤和对待很多事是一样的。比如对待鱼缸里的生态系统，你要是频繁地过度干预，不停地换水、过度清洁鱼缸壁或者盲目添加各种药剂，就会打破原本的生态平衡，让鱼儿难以生存。再比如对待感情，如果把对方管束得太紧反而会让人窒息。试着了解他，任他自由生长，恐怕比以爱和在乎的名义"折磨"彼此更有效。任何事物，都要讲究平衡。我们都是学过化学的，知道"水油平衡方程式"吧？可很多人还是只知道"去油、去油、去油"，那身体为了使水、油能够继续保持平衡，就不得不从体内分泌更多油分，反而带来恶性循环。

查理·芒格说："我有一个永恒的秘诀，那就是顺其自然，对任何事都保持乐观的态度，继续往前走就对了。拥抱一切所面临的挑战，并保持理性。""幸福人生其实很简单，不自怜，不嫉妒，不怨恨，不过度消费，保持心情愉快，不纠结于内心的烦

—— 不迷恋，不堆积　195

恼，跟信赖的人在一起，做该做的事。这些简单的事，都可以让生活变得更好。"

我的皮肤真正得到畅快呼吸就是在我"放开"以后。我不再把过多的注意力放在脸上，也不再"泡"在瓶瓶罐罐里。想想看，如果护肤品真有奇效，那些面部肌肤如月球表面般坑洼的明星岂不是早已焕然一新，还需要费力烧钱跑去整形？年轻的时候，与其将大把大把的金钱投在这些让自己周而复始却徒劳无功的事物上，不如买几本书来得实际。多阅读、多学习，腹有诗书气自华。加上灿烂笑容、自信从容，这样即便素面朝天，也不会失色太多。正所谓三流的化妆在脸上，二流的化妆在精神，一流的化妆在生命。

我不禁想起"相由心生"这句古老的智慧之言。一个人的内心世界，无论是平和喜乐，还是焦虑忧愁，都会在面容上留下痕迹。

在"清醒"后的几个月，我没有再往脸上擦任何东西，偶尔爆出那么两三颗痘痘也被我无视，有时甚至好几天不洗脸……这种"放开"恰好给了皮肤一个休养的机会，慢慢地，皮肤变得不那么容易泛红，痘痘也自觉不再"受宠"，只能悄然离去，痘印也在时光的流逝中逐渐淡去……

克里希那穆提说:"你不再说'我是卑微的、渺小的、平庸的、狭隘的,我是多么丑陋'。我在比较中得出结论,结论会扼杀洞察力。我有洞察力,它让我看到比较是多么愚蠢。我不再比较了。比较结束了,永远结束了。因此我将看到真正的自己。"

我很庆幸自己醒悟得早,年龄越小,肌肤的再生能力越好,自我修复能力也越强。每一位女生都有独特的可爱与魅力,又何必用那些化妆品在我们的脸蛋上肆意进行试验呢?要知道,脸只有一张!别太折腾它,不要杂七杂八什么都用,发现适合自己肤质的产品就用,"朝三暮四"既浪费钱又达不到效果。更千万不要贪图便宜去购买一些廉价的假货,要知道,真的有效果的东西不可能在地摊上卖几块钱。

后来的我,只买几样必需的且品质好的护肤品用于日常保养,便已足够。此外,每天多笑一笑,保持心情愉悦也很重要。身体的各项器官是可以靠睡眠和好心情滋养的,优质的睡眠、舒畅自信的内在,才堪称最好的护肤品。

有句话叫:"缺乏审美力是绝症,知识也拯救不了。"精致不应该是奢侈品堆砌出来的,而应该是内涵的外在流露。每天能够在一分钟内决定穿什么并且穿搭得体又好看的人,拥有的是一种"厚积薄发"的才华。

在着装方面,我以前是单纯购买好看的衣服,后来则注重挑选穿在自己身上好看的衣服。记得我在台湾上一个谈话节目，脱口而出的一句话被剪辑成了预告片反复播放："穿时尚的衣服，和把衣服穿时尚，这是两码事。"其实只要了解自身身材的特点，衣服便能成为巧妙彰显优点、淡化不足的得力助手。而所谓的"美丑""优劣"，不过是世俗眼光中短暂的评判标准，我们也不要太过于以他人的价值观来评价自己了。

但凡自身无法掌控、不能自主的欲望，都是病。——我曾经就有这种病，焦虑的时候，就抑制不住地想买裙子。其实，从着装的真正意义来讲，它不应该只是为了满足自己的欲望，而是为了尊重场合、尊重别人。

有这么一款堪称时尚必备的"战服"，每个人都可以拥有，那便是从内而外自然散发出来的自信。你瞧那些T台上的模特，即便是穿着大红色的西装搭配大绿色的铅笔裤，脚下蹬着高跟鞋，也能凭借着一种仿佛可以将"村姑"瞬间带入国际视野的强大自信，甩给观众一个冷艳的眼神，向众人诠释什么才叫作时尚。那种昂首阔步的姿态，仿佛能让所有的嘲笑瞬间变得"弱小"。自信，真的就像是一件能为我们增添光彩的华服，它不昂贵，也不难找寻，只要对自己说一声"Yes"就有了。

至于那些已经两年都未曾穿过的衣服，别再犹豫了，你大概率是不会再穿它们了，不如把它们捐出去，既能清理衣橱，又能帮助他人。

既然说到衣橱,那就把话题自然地延伸至整个居家环境,一定要保持干净整洁。老话说"财不入脏门",一个干净清爽的家能够极大地提升我们生活的舒适度与惬意感。摆上几盆绿植,再插上几束鲜花,充满生机,能让心情瞬间放晴。

要知道,如果居住的空间杂乱无章、物品随意堆积,那么想要保持身心的清净几乎是不可能的,因为这两者本身就是相互矛盾的。环境对人的心境有着潜移默化的影响,混乱的环境,容易滋生浮躁与不安;整洁有序、静谧祥和的空间,则有助于内心的平静与安宁。

幸福说难也难,如果一直向外求的话。说简单也简单,只要肯回归内在,回到当下。

重要感作祟,朋友圈到底有谁啊?

每个人都把最多的注意力放在与自己有关的事情上,我又何必非要通过别人的掌声来掂量自己的分量?

大家应该都有过住酒店的经历,通常酒店的浴室都会配备一面放大镜。起初,我并不爱用它,因为它会将我皮肤上的毛孔、斑点毫无保留地放大,使得原本看起来还算凑合的脸瞬间变得瑕疵毕现,每次看到这样一张不够精致的面孔,我的心里就会泛起一阵烦闷。有一回化妆时,我没戴隐形眼镜,洗手台的大镜子里根本看不清是否还有细微之处的粉底没有涂抹均匀,无奈之下,只好把放大镜拉过来查看,这才将那些需要补妆的地方看得一清二楚。——缺点其实也一样,唯有坦然地去面对它们,才能心平气和地改善。

我母亲曾在教育我要谦虚时说过一句话:"你要是知道自己骄傲了,就不会骄傲了。"的确是这个道理。她仿佛一位哲学家。

很多人没有改正缺点,有时并非因为这些缺点难以改正,而是当自己表现出这些缺点的时候,根本就没有察觉到。

有一位艺人,堪称宅男"女神",不仅人长得漂亮,身材也极为曼妙。然而,她在讲话的时候总会不经意间流露出面部扭曲的表情,她自己一直浑然不知。直到参加了一个很有名的谈话节目之后,网友们针对她这一问题展开热烈讨论,她这才半信半疑地找出该节目的视频,查看自己说话时的表情。看到自己原本姣好的面容扭曲成怪异的模样,她错愕不已,这才意识到自己这个小缺点。自那以后,她时刻加以留意,慢慢地就把这个"坏毛病"改掉了。

"鸡蛋,从外打破是食物,从内打破是生命。人生亦是,从外打破是压力,从内打破是成长。"

是啊,如果等待别人从外打破,那么我们注定成为别人的食物;如果能让自己从内打破,那么我们会发现自己的成长可以媲美重生!心态上的缺点,要从根出发去剖析、去改变。

我自己就常常不自觉地陷入一种看似平常却又深深影响我内心状态的行为模式之中。每次出席活动或社交场合，我总是习惯性地做着三件事：拍照片、修照片、发布到社交媒体上。明明有时身边就有重要的人需要沟通和交流，我的手却似乎不受控制，下意识就想着把照片发布到朋友圈，然后再时不时拿起手机看看有谁给我点赞了。

不禁暗自怀疑，我是不是被朋友圈"绑架"了？在学习智慧文化以后，我开始问自己一个问题——"朋友圈到底有谁啊？"

于是，我开始观察我发朋友圈时的心态，其实每个阶段，我关注的点赞人群都有所不同。有时是这个圈子的人，几个月或者几年过后，可能又是另一拨人。然而，当我所关注的那群人没有给我点赞时，失落感便会涌上心头。

我渐渐意识到，自己并不是被朋友圈绑架，而是被自身的重要感和优越感束缚。这种感觉并不能带来持续的快乐，反而让我的情绪受外在因素的干扰与影响，这实在是不应该。

智慧文化中说到"我执"通常会有三种表现，即自我的重要感、优越感和主宰欲。"所谓重要感，就是把与'我'有关的一切看得格外重要；所谓优越感，就是希望自己出人头地，高人一等；所谓主宰欲，一是希望别人顺从于我，二是希望我可以支配别人。在这个世间，我们除了生存以外，基本在为这三种感觉活着。""每个人会有不同的需求和贪着，有的人偏向财富，有的人偏向事业，有的人偏向权力。因为需求，就会展开追求；在追求过程中，又会进一步强化贪着。这种贪着，则会使需求不断壮大。也就是说，每种需求和贪着会不断重复。"

所以，我就是这样被自己的"重要感""优越感""主宰欲"控制着。

曾经有人指出我在群里聊天时，几句话下来总会落到"我"字上。他说我很"自我"，但当时我根本不认为自己有这个缺点。学了智慧文化后，过了很久，我在其他群里看到一位同学，在别人每说一句话后，他都会把话题引到自己身上。那一刻，我就像看到了一面镜子，从中照见了自己曾经的样子。原来，我是真的很"自我"。

莎士比亚说："一个骄傲的人，结果总是在骄傲里毁灭了自己。"重要感和优越感只会让我们陷入自我的陷阱，看不清自己真实的模样。所以，我需要改掉这些不良的心理，放下对重要感和优越感的贪执。也要时刻提醒自己——关注当下，珍惜与身边人真实的互动，而不是沉浸在虚拟的点赞世界中寻求认可。

宗萨说："被别人讨厌不是你的弱点，希望被别人喜欢才是你的弱点。"

我也从一些朋友身上看到了相似的地方。比如一位同学，在别人说话的时候，他好像有认真听，但随即会问出别人刚刚说过答案的问题。待他人再次重复之后，他便指点江山般发表评论。我曾向他反馈过他对我公司业务评价时我的感受，好在他对此有反思，他意识到自己在聊天场景中往往处于缺乏觉知的状态，为此感到惭愧。令人惊喜的是，仅仅过了两周，他就有了极大的改变——与人聊天时能认真听人说话，且不轻易评价别人。再有另一位同学，在每次听到别人取得什么成就时，第一反应就是接话"我也会""我怎么怎么样"……且常常不自觉地对别人进行评判，而非建议。

炫耀，其实没有意义。回头看，还有点傻。

看过武侠小说或是武侠剧吗？几乎每一部作品中，在那个刀光剑影的江湖里，都会有妄图称霸武林之人。奇怪的是，这些野心勃勃之人往往并非武功最为高强的存在。当众人在盛大的比武大会上拼得你死我活，各种真相如同潮水般涌现，现场一片嬉笑怒骂、混乱嘈杂之际，总会有一位神秘莫测的绝顶高手仿若天降神兵般突然现身。只见他轻而易举地用三招两式便将在场的高手打败，用只言片语就将众人积攒了几十年的恩怨情仇巧妙化解，使那些深陷其中的人获得心灵上的解脱。武侠小说中这样的绝世高手，通常不是藏身于藏经阁默默扫地的僧人，就是隐居在与世隔绝的孤岛上的仙姑。为什么真正的高手反而对"天下第一"的名号不屑一顾呢？因为他们是高手啊。说得直白一些，他们已然拥有并达到了真正"天下第一"的超凡境界，武学造诣已经登峰造极，对那博大精深的武学奥秘早已了如指掌、融会贯通，又怎会再去贪恋"虚名"呢？

真的"有"，就无所谓了；"没有"才着急要去证明。真正开悟的圣者，根本不会炫耀自己开悟了；没有开悟的，才要明示暗示地透露给你他开悟了。

重要感和优越感虽能在短期内给人带来心理上的满足与自信，但它们其实是一种极其不稳定且脆弱的心理状态。当这些感觉被满足，就会滋生自满情绪，驱使人将更多精力放在粉饰自己或者争夺话语权上，对他人不尊重、忽视，总是以自我为中心，认为自己的事情、观点才是最重要的，难以倾听他人，理解他人的需求，这叫作"目中无人"。如同坐井观天，局限在自己狭隘的认知范围内，知识和视野也难以得到拓展。而当外界环境无法给予足够的认可和肯定时，就容易陷入焦虑、沮丧甚至自我怀疑的困境。

真实的幸福来源于内心的充实与自我价值的真正实现，来源于健康、和谐的人际关系以及对生活积极向上、坦然自在的态度。这才是我们应该追求的生活的本真状态。

跳出攀比陷阱，活出自我节奏

常常听到有人这般诉苦："你讲的这些道理我都明白，可是你得清楚，做任何事都需要资本啊，而我，是真的一无所有。"可他们是不是忽略了一个事实，那就是众多如今拥有资本的人，曾经也是一无所有的。反过来审视他们，真的是一无所有吗？

就拿Jane来说，她在一家中等规模的公司就职。她所在的部门有三位管理者：一位部门经理以及两位"普通"主管，她便是其中之一。她的苦恼在于，另一个主管比她漂亮，嘴比她甜，更得老板的欢心。这样一来，她觉得自己升职渺茫，不禁有些沮丧。她希望那位女同事能被调去做部门内的另一块业务，因为她自认为能力比对方强。在她们部门，总共两块业务，一块是主系统开发，另一块是开发支持，这两块业务相互联系，没有哪块更重要。目前，她们俩都在做主系统开发业务，另一块业务暂时由经理自己兼顾着。

我问Jane："这两块业务的工作内容差别大吗？"

她回答："也还好。"

"那另一块业务的工作内容你能应付得来吗？"

她答道："应该可以。"

"你现在所在的业务板块有个人发展的机会吗？"

她迟疑了一下，说道："我们公司本来升职就比较缓慢，况且就算有升职机会那肯定也是那个女同事的，她太会讨好老板了。职场那些生存法则我都懂，我相信要是我想做肯定也能做好，只是我不想做罢了。"——这里我想补充一个小小的建议：<u>不要想象也不要美化你没走过的路。那对走在那条路上的人不公平，也不利于走在另一条路上的你的心态平衡。</u>

"既然在这块业务上存在一个你认为难以超越的竞争对手，你既不想努力去竞争，或者像你说的拼不过，那为什么还只是盼着'好运来'才能有所突破呢？为什么不主动向老板请求负责另一块业务呢？在那里你会有独当一面的机会。而且，如果你负责那块业务，就成了业务带头人，随着业务发展，手下的团队壮大是迟早的事，那么晋升为经理也是迟早的事。为什么非要和别人挤在一处呢？"

她说："毕竟现在这块业务更偏核心一点，而且，我就是不甘心。"

其实问题就出在她的不甘心上，她并非没有前景，而是被一叶障目，盯着同部门的同事，如临大敌，好像已经走投无路了。实际上，明明有更广阔的发展空间，可以为自己创造更好的机会。

我们处事，很容易受许多不良的心理驱使而做"情绪化"的决策，比如前面几章所提及的妄想心、虚荣心、重要感、优越感、主宰欲、贪心、嗔心等，本章就来探讨一下"攀比心"。

所有那些心都容易对我们造成蒙蔽。攀比心也是，让我们看不清自己的潜力和身边的机会，导致患得患失，甚至花很多不必要的时间去应对假想敌和潜在竞争者。

卡耐基在《人性的弱点》中说："生活中的许多烦恼，都源于我们盲目和别人攀比，而忘了享受自己的生活。"

再问一句，我们真的一无所有吗？

田忌赛马的故事，我们在小学学过。假设你的竞争力体现在A、B、C三个方面，为什么非要用自己的A去和对手的A+比，用B去和对手的B+比，用C去和对手的C+比呢？你的这三方面竞争力都不是最强的，何不转变一下思路，用C去应对A+，输一次也没关系。而在能发挥自己强项的地方，用A去对抗对方的B+，用B

去迎战对方的C+，这样最终也能获胜。关键是要了解自己的竞争力在哪里，懂得保持平和的心态，调整应对策略，切不可故步自封，因小失大。

那如何认识自己的"竞争力"呢？管理学里常用的 SWOT 分析或许能帮上忙：S 即 Strength（自身优势），W 即 Weakness（自身劣势），O 即 Opportunity（外部机会），T 即 Threat（外部威胁）。把自己放在所处的环境中，从这四个方面分析，就能判断出自己在这个环境中的竞争力状况。

在社交网络高度发达的今天，很多人陷入了一种无形的攀比的旋涡。我们看到朋友圈、小红书里别人晒出的精彩生活：豪华的旅行、精致的美食、昂贵的衣服。于是，内心的攀比心开始作祟，为了在虚拟的社交世界里不"输"给别人，有些人不顾自己的经济实力，过度消费，购买超出自己承受范围的东西。这种攀比并没有带来真正的满足感，反而让他们陷入债务危机或者内心的焦虑之中，在一条错误的道路上越走越远。

而且，**攀比心往往还伴随着盲从，看到别人走某条路成功了，就不假思索地跟着走，而不去考虑这条路是否适合自己。**

那些能够舍弃攀比心的人，往往能更好地建立自身的竞争力。比如许多新兴的小品牌并没有盲目地去和国际大品牌在知名度和市场份额上进行攀比，拿一些小众的国产美妆品牌来说，它们深知自己在品牌影响力和资金实力上无法与国际大牌相抗衡，于是，专注于自身的特色，深入研究适合亚洲人肤质的产品配方，利用本土的原材料资源，打造天然、个性化的美妆产品。同时，借助线上渠道进行精准营销，以高性价比吸引了大量消费者。这即是通过建立自身的产品竞争力，在激烈的红海市场中找到了一席之地，而不是在攀比中消耗自己的资源和精力。

再比如一些小型的独立书店，在电商平台和大型连锁书店的夹击下，似乎没有什么竞争力。但这些独立书店发现自己的差异化竞争力在于提供独特的阅读氛围和个性化的选书服务后，便举办一些读书分享会、作家见面会等活动，吸引了那些追求独特阅读体验的读者，在激烈的市场竞争中找到了自己的生存空间。

这就是舍掉不切实际的攀比，建立自身竞争力。

舍掉攀比心，首先我们要明白它的危害，它会使我们内心被嫉妒、焦虑、不满等负面情绪所充斥。比别人好，我们就会扬扬得意，不管是否有表露出来，都增长了内在的骄慢心。比别人差，我们又会陷在落差感里，这种落差感又会进一步侵蚀我们的自信和幸福感。

舍掉攀比心，需要我们拥有一种平和的心态和对自身清醒的认识。尤其是，每个人都有自己独特的因缘际会、人生轨迹和价值。人人都有自己的"Time Zone"（时区）。当我们攀比时，就忽略了这个事实，强行将自己的境遇与他人做对比，就如同把不同季节的花朵放在一起比较谁更娇艳。

舍掉攀比心,我们才能看清自己的本心和潜力,不再被别人的节奏所左右,而是按照自己的步伐前行。当我们站在更高的视角看待自己的生活时,就会有方向地学习,专注于自身的成长,培养起优势。那么,这样的竞争力不是建立在与他人比较的基础上,而是基于自我成长和心之所向。

舍弃怯懦，带着信心前行

因上努力，果上随缘。

智慧文化的核心是智慧。很多人常将"佛系"挂在嘴边，"佛系"如果指的是躺平等死，那一定是对佛学的歪曲理解。佛家思想恰恰不是消极的，它着重教导我们去战胜的对象是烦恼，这比战胜任何东西都要积极，并且困难。

当世界上每个人都战胜自己的烦恼时，哪里还有什么掠夺、战争，世界只会是一片祥和，真正实现"Love and Peace"（爱与和平）。

随缘，也不是指随便，而是随顺因缘，这是"一种洞彻万法的智慧,而不是一种消极逃避的心态"。事实上,随顺因缘在现实中极少有人能够真正做到,因为我们缺乏圣者那般的深邃智慧,无法洞悉全局,无论是时间上还是空间上,我们都受限于自己的认知。所以,大部分人喜欢强求。

我们应该在机会来的时候,好好做;没机会的时候,好好提升自己。在学习和实践中,提高智慧和心性。

我想起人生中第一次赚钱的经历。那是个暑假——

暑假是旅游旺季,也是热门的打工季。我心想:如果能边打工边旅游,那这个暑假真是太充实和有意义了。学期一结束,我就回到了上海青浦的家。吃完午饭,开始盯着计算机找兼职。鼠标轮不断滚动,下一页,下一页……突然,一条外国语大学发布的讯息吸引了我的眼球:暑期夏令营英语教师,地点在扬州。太好了!若是能够入选,不是正好可以在工作之余去扬州旅行?

一看面试时间,哎呀,是今天!

我坐在椅子上犹豫去还是不去,从这里赶到市区,来回也得4个多小时,现在是下午1点,赶到怕也已经3点多了,万一去了赶不上面试便是白跑一趟……思想斗争了10分钟,抱着好奇心,我还是出发了,坐上公交车,慢吞吞颠簸了一路,眼看快到了,下起倾盆大雨。我心想:管不了那么多了,面试要紧,纵使淋湿也得冲到教室,不然来一趟的主要目的就泡汤了……手拿着包顶在头上,我箭步跑进外国语大学,到处找人问路,终于找到了面试的教室。

教室里只剩下一个人，年纪约30出头的样子，看到我像落汤鸡般狼狈的模样，关切地问："请问你找谁？"

"您好，我是来面试的，在网上看到有一个英语夏令营教师选拔……"我踩着满是雨水的鞋子，拨了拨被雨水打湿的头发，认真地回答。

"可是面试已经结束了。你是从哪里过来的？"

我失落地跟他说明我是特地从郊区坐了两个多小时的车子，淋着大雨蹚着水过来的。

"天哪！你从青浦来的啊，好远的，我在上海待那么多年，还没去过那里呢。"随后，他开始让我用英语做一下自我介绍。

好在我的脑子还没有被雨水冲乱，立刻介绍了自己，当介绍到专业的时候，他用英语打断了我："可是今天来面试的300多名学生都是英文专业的，而且清一色是研究生。"

"可是请您相信，我在高中就已经阅读《大学英语》，大一就通过了国家CET6（英语六级考试），相信教小学生英语的能力是可以保证的。再加上我一定会是所有人中最认真的。"于是他让我第二天早上参加行前训练，只有训练后的小测验顺利通过，才算入选。

面试结束，雨已经停了。由于第二天早上9点就要开始受训，我没有回家，而是在教室度过了一个晚上。大学里也熬过几次夜，包括临时抱佛脚的考前复习、去唱歌、看世界杯……但这次熬夜，是为了获得一个机会。我也没有将这件事告诉爸妈，想在自己凭实力拿下聘书后再告诉他们结果。因祸得福，当天晚上腿上被蚊子咬满的包对第二天受训有大大的加分。除去趴在桌上迷糊了几分钟，我整个晚上几乎没睡，天还没亮透，就醒着在等大家了。

"你来啦？"第二天早晨，昨天的面试官走进教室，惊呼。

我迷迷糊糊地抬起头："我昨天没回家。因为怕今天迟到。"

他很惊愕："没回家？那你住哪里？"

"就在这里趴了一晚上，也没有什么，只是怕精神不好会影响今天的发挥。"说着，我下意识地用手挠了挠脚上被蚊子叮满的红包，原本细白的脚上布满了红红的印记……等人陆续到齐，他轻轻走到今天负责考核的教授身边，低声耳语了几句。随后，教授和他一同走到我面前，关切地问："听说你是昨天最后一名面试者，幸会。"

我的态度是加分的，不过要留住机会，也得有真才实学，否则就是误人子弟。那天正式的受训过程中，我努力让昏眩的头脑保持清醒。测验分两部分，第一部分是背诵，要求在20分钟内将新拿到的教材的第一课完整背下。我深吸一口气，迅速调整状态，集中精力，将课文印入脑海。第二部分是实战演习，我需要将在座的所有人想象成夏令营里那些来上课的小朋友，用新教材进行10分钟的授课。两部分测验，我的表现都令人满意。

最后，只有10人入选，我是其中之一，并且是唯一一名本科学生，且非英语专业。

父母不敢相信我在找兼职，还以为我在吹牛，直到我收拾好了行李准备出发的前一天他们才确定这是真的。

夏令营为期10天，在扬州的一所双语学校，包吃包住包行，纯收入10000元。在搭乘客运的路上，我有些担心：有能力获得这次机会并不等同于有能力完成教学任务。与其他入选者相比，他们都是研究生，都有过实战经验，有些甚至已经在大学的英文课堂上代课了。在夏令营中，10名教师将分别带领一个班级，一旦课程开始，我便与其他教师站在了同一起跑线上。恐怖的是，一期夏令营结束，所有班级还得接受测验，这不仅在考验各班学生的提高情况，更在检验每名老师合不合格。我内心不禁泛起些许不安，这即将到来的10天究竟会是怎样的一段经历呢？最后的测验会不会成为拆穿西洋镜的一刻？

有着这样的担忧，我每晚会把教材上的新课内容先看一遍，圈出知识点，不能确定的语法立刻查字典，还好那本教材我在初中时便已作为课外读物自学过，当时是纯粹想让自己的英语表达更加地道，就买来搭配磁带学习，没想到几年后居然又与它"重逢"，还以教师的身份，把它教给初中一年级的学生们。

我的学生们刚升初中，还处于正调皮的年纪，上课好动、爱讲话的学生居多。我不得不不断提高音量，每天必备润喉糖。为了让课程更加吸引人，我在教学上拿出了主持的风格，以提问的方式引出当天课本的内容，以比赛的方式让大家掌握知识点，以讲故事的方式让大家将知识做具体运用，每天最后半节课还教英语歌……一天下来，连润喉糖都缓解不了喉咙的疲惫。

作为夏令营的教师，与普通学校的教师最大的差别，就是学生连续10天、每天8小时，看到的都是你，没有其他教师穿插授课。要维持他们持续不断的热情，真的比主持活动还累。当遇到那些特别爱上课开小差、不听讲的学生时，我只得再铆足元气："在座的女士们先生们，我以前上学的时候，总觉得教师在台上上课好烦人，现在我站在讲台上，才发现原来台下的学生也好烦人。哈哈。你们都是大人了，我们将心比心。这样，分成四个小组进行比赛，看看哪一组表现最好，得到的红旗最多，有礼物呢！"话语一出，这些小大人都安静下来，眼睛忽闪忽闪地看着我，耐心地听讲，仿佛他们成了教导处主任在监督我授课。其实，我的内心也不想给这些在高强度培训中努力学习的小家伙施加过多的压力，可除了将课堂变得更加生动有趣、富有活力之外，我暂时也想不出其他更好的办法来帮助他们……尽管有时心中会涌起一丝怅然，但每当听到这些"小大人"在课间见到我时，突然立正敬礼，清脆响亮地喊出"老师好"的认真模样，我的心中便乐滋滋的。

10天的时光，说短不短，说长也不长，很快便迎来了结营测验。教师们齐聚一堂批改试卷的场景，对我来说是一次全新的、难忘的经历。如果不是那次阅卷，我恐怕永远都不会知道，原来教师们在看到学生试卷上一些千奇百怪、令人哭笑不得的答案时，会忍不住笑骂道："这小鬼！" 我不禁莞尔一笑，脑海中浮现出自己学生时代的模样，心想，以前我肯定也在不经意间给我的老师们带来过类似的"欢乐"与"惊喜"吧。

总之，整个阅卷过程充满了欢声笑语……关于测验的结果，我们班荣获第二名，还不错。

一期夏令营圆满结束，我原以为要回去了，没想到我居然被通知继续下一期，接着再上10天。这次只留下4名教师，其余的都让他们回了上海。第二期开始之前，扬州市的领导带我们夜游瘦西湖，品当地美味佳肴，可谓游玩到了扬州的精髓。

夏令营所服务的这所学校，算是当地的"贵族"学校。为了能上这所双语初中，有些不富裕的家庭会勒紧裤腰带送唯一的孩子来念书。这期夏令营，我印象深刻的有一个男生，非常调皮，尝试很多方法都无法使他专心听讲，导致学生们集体让我忽视他。课后我找他谈话，问为什么昨天没有写作业，他沉默。我继续说："我也不想给你们太多的学习负担，你如果向其他班级的同学打听一下就知道，我们班的作业已经是最少的了。所以希望你回家还是要认真温习。可以告诉我有什么难处吗？"他还是沉默……"假如是我上课上得不好，你也得告诉我啊，不然我怎么改呢？"我这样一说，他惊讶地抬头看了我一眼，继续沉默了一会儿，终于开了口："昨天家里停电，就没写。别告诉我爸妈，不然我爸又要打我。我骗我爸说昨天正好没有作业。"他一说"打"这个字，吓我一跳，脑海中冒出"会不会是虐待"的念头，正义感让我无法袖手旁观，我追问："你父母对你不好吗？""没有，只是平时我爸生气就会打我。"

最后我终于弄明白原来他父亲是个火暴脾气，认为"棍棒底下出孝子"，但还是爱孩子的，只是有点急于求成。我写了一封信，信上没有提及他家庭的情况，大致只是说感谢他们家有一个那么聪明的儿子，如果平时多鼓励，他一定会进步更快。之后交给他，让他带回家，让他父亲在纸的背面回信给我。

第二天，我收到回信，他父母表达了对我的感谢，说没有想到在教师眼里自己的儿子居然有这么多闪光点，在他们以往的印象里，教师大多是跟他们告状居多。并且保证今后会注意教育的方式方法。晚上回到住处，我把信拿出来看了一遍又一遍，心里挺自豪的。

就这样，20天过去了，我怀揣着20000元人民币，坐着巴士踏上归程，心中五味杂陈。从来没有在那么短的时间赚过那么多钱，和我一起回来的，除了自己赚的"工资"，还有扬州的学生们亲手为我制作的礼物，把行李箱堆得满满的，把心照得暖暖的。

难怪人们都说教师就像蜡烛，燃烧自己照亮别人。原来当

"蜡烛"的感觉那么好。

瞧,这是连锁反应的结果:若是从小没有学好英语,我就不可能被选上担任夏令营教师;若没有担任夏令营教师,我作为一名大二的学生,在上课及社团活动之余,也赚不到20000元,注意,那是2007年。

正如有人说:"你失败过很多次,虽然你可能不记得。你第一次尝试走路,你摔倒了。你第一次张嘴说话,你说错了。你第一次游泳,你快淹死了。你第一次投篮,你没有投进……不要担心失败,需要担心的是如果你畏惧失败,你将丧失机会。"

担心和恐惧,其实也是一种"妄想",源于对自我的执着、对未知的不理解和对无常的抗拒。斯多葛派哲学认为,可以通过专注于自己能控制的事情和运用理性思考来审视恐惧的方法来应对恐惧。比如当感到恐惧时,我们应该问自己这种恐惧是基于事实的产生,还是无端的想象。假设一个人害怕在公众场合演讲,他应该思考这种恐惧是因为自己确实没有做好充分的准备,还是担心自己会出丑。而且,斯多葛派认为,拥有坚定的品德和价值观可以帮助人们抵御恐惧。当一个人将正义、智慧、勇气等品德视为自己生活的核心时,他在面对恐惧时就更有力量。

常有人把这样的事例拿出来:如果霍华德·舒尔茨在经历银

行的多次拒绝后就放弃了,那么现在就不会有星巴克;如果沃尔特·迪士尼在他的主题公园设计理念屡遭否定后就放弃了,那么现在就不会有迪士尼;如果J·K·罗琳在稿子被众多出版社长时间退回后就放弃了,那么现在就不会有《哈利·波特》。

还有贝多芬,即使遭受失聪的巨大打击,依然凭借着对音乐的热爱和执着,专注于内心的旋律,创作出震撼人心的《命运交响曲》。凡·高也是,哪怕穷困潦倒、不被理解,仍坚持用画笔表达内心对世界的独特感知。

尼采说:"每一个不曾起舞的日子,都是对生命的辜负。"

有一点是可以肯定的:如果你放弃得太早,就永远不会知道你将错过什么。

不过,过程的体验,远超结果本身。就像"天空不留痕迹,但鸟儿已经飞过"。人生总要做点什么。无论是种善因,还是攒善缘,每一段经历都将成为我们成长的养分,铸就更加坚韧的人格。失败与挫折,不过只是人生长河中暂时的波澜,只要我们胸怀智慧,用心去耕耘,去付出,去提升自我,不被恐惧和怯懦吞噬,就能在困境中发现转机。

专注提高，忠于自己

动画片 Soul（《心灵奇旅》）中有一段对话，触动了无数人的心——

一条小鱼游向另一条年长的鱼说："我想找到大家说的海洋。"
年长的鱼说："海洋？你现在就身处海洋。"
小鱼说："这里吗？这是水。我想要的是海洋。"

这部动画片讲述了主角乔伊·高纳，一个对爵士乐充满热爱的中学音乐教师，梦想成为一名成功的爵士钢琴家，在一次意外中，乔伊的灵魂误入了一个奇幻而神秘的世界——"生之来处"的故事。在这个世界里，每个灵魂需要找到自己独特的"火花"才能融入地球生活。其中一个灵魂在乔伊的身体里体验到了生活中的诸多美好，如比萨的香气、糖果的甜美、飘落的树叶等，不知不觉间找到了火花，乔伊也因此领悟到火花并非人生目标，当你想要生活的那一刻，生命的火花就点亮了。最终，乔伊回到地球，实现了梦想，却发现并没有想象中的狂喜，他意识到，自己因追求梦想错过了生活中的美好瞬间。

电影最后一句台词也非常震撼："I'm going to live every minuteofit."（我将珍惜每一分钟去活着。）

在这个信息如潮涌的时代，屏幕闪烁间，时代的舞台仿佛交接到了"00后"手中，"90后"在感叹："我们也步入中年了。""80后"在怀旧，时间在追着每个人。环顾四周，你还是你，什么梦想都还没实现，人就老了……

忙忙碌碌中，我们迷失了方向，陷入了机械重复的状态。每天过着相似的生活，为了满足社会既定的标准而奔波劳碌。我们总是在追逐着远方的目标，渴望着更大的成就，却在不经意间忽略了当下的力量、生活的意义和自身的价值。

我曾经想，那么多人羡慕一些人的家就在北上广，但作为生活在上海的人，我觉得能在洱海那样美的地方成长才令人羡慕。

从幼儿园到高中，我们中的许多人承载着父母殷切的期望，再到读大学，在大学里过了几年轻松自在的生活，毕业，进入一家公司工作，忙碌黯淡地过着日子，每日的辛劳渐渐麻木了感知。

回首青春，最令人难以忘怀的或许还是那些年少的悸动心情。大学里那个悄悄塞纸条、写情书，站在教室门口等我们下课的少年，为我们辅导功课，运动会上跑第一后用眼角余光瞄瞄我们是否有看到他的光辉……

象牙塔里的爱情，青涩甜蜜，可临近毕业，我们中的许多人只得在纯情与现实的夹缝中迷茫、惆怅。

或许，我们中的许多人会心生感慨，感觉自己生不逢时，在本应朝气蓬勃的年纪显得暮气沉沉。回想过去，小时候明明在绘画、体育、写作等方面颇具天分，若顺应自身强项追逐梦想，现实是否会有所不同？我们可能会埋怨父母，质问他们为何不依我们的才华培养我们，为何不给我们提供更加优越的条件，为何非要灌输千篇一律的观念，让我们认定只有按照固定模式体验人生。

然而，我们是否曾换位思考？父母也不过是身处社会框架之中的普通人，即便如此，他们始终用自己的方式爱着我们。他们教给我们他们认为正确的道理，给予我们他们认为美好的事物。毕竟，时代背景不同，在相同的年纪，他们或许还在搬着小板凳去看露天电影，我们却已经用上了智能手机；他们那时能天天吃上酱油拌饭，偶尔一顿肉便是美味佳肴，我们却已吃遍城里大小餐馆，点餐时大手大脚，剩半桌菜也毫不在意。他们并非不想跟上我们的脚步，只是他们受到太多世俗观念束缚，因为爱我们，他们不敢冒险。

我们给自己的生活找了太多借口。我们总说自己没有倾城的美貌，没有天籁的歌声，没有过人的聪慧，没有丰厚的家产。其实我们忽略了一个事实：每个人都有每个人的因缘和轨迹。于是我们一直在向外求，向外索取。却鲜少内观与自省，然后下定决心去自律，去播种，去断舍离那些负面心理，去调控人生的走向。要知道，抱怨父母、抱怨社会是没用的，毕竟"命由己造，福自我求"啊。

当我年轻时我梦想改变世界；当我成熟后，我发现我不能改变世界，我将目光缩短，决定只改变我的国家；当我进入暮年，我发现我不能改变国家，我的最后愿望仅仅是改变一下家庭，但这也不可能。当行将就木，我突然意识到：如果一开始我仅仅去改变自己，我可能改变家庭、国家甚至世界。——威斯敏斯特教堂碑文

喜欢看侦探剧的朋友都知道，每一个罪犯都有动机。可谓可恨之人必有可怜之处。但这并不意味着我们可以将犯罪完全归咎于环境和教育——并不是每一个遭遇抛弃、家暴、贫穷、陷害，

—— 不迷恋，不堆积　225

没有人爱的人都会选择犯罪，那就没有理由将沉沦和堕落完全归咎于外部因素。有许多处境比我们更艰难的人，依然选择了善良和自强。说到底，人生的每一个岔路口，做出选择的终究是我们自己。

老子曾言："知人者智，自知者明。胜人者有力，自胜者强。"

其实有很多是我们值得感恩的，比如在尚年轻的时候，遇到并学习圣贤智慧文化，了知宇宙之"道"和人生的真相，那我们至少知道可以顺应"宇宙法则"去努力。越早思考可以越少走不该走的弯路，避免闯下不可逆反痛悔一生的祸，多走该走的弯路，在逆境中磨炼心性，在挫折中健康成长。

注重体验本身，学会安住当下。焦虑是自己给自己的，事实上不必急切地去模仿比尔·盖茨或乔布斯辍学去创业。不论你正在从事什么、将来打算从事什么，该受的教育都是必须受的。但光看是没有用的，得内化为自己的，那样我们才会辨识到宝藏。

在智慧文化的指引下，我学习了正确的认知，秉持自律的态度，用正念保持觉知与平和，胸怀坦荡地面对一切。当我专注于内在提升时，便能不受外界干扰。常怀感恩之心，珍惜身边的一切，感恩每一次机遇，感恩每一个人。

如今网络读物琳琅满目,但我们不能盲目轻信。那些诸如"聪明的女人应该怎么做""成功的人一定会做的几件事""幸福的婚姻里,太太都在做哪些事""失败男人背后的女人有什么特点"之类的帖子,它们往往缺乏有力的论据支撑,只是一些片面的言论,如同"宠出来的孩子——危险,捧出来的孩子——霸道,苦出来的孩子——懂事,博出来的孩子——成功"这样的表述,没有实际案例辅证,说了等于没说,纯粹是浪费读者的时间,浪费流量。我们要学会甄别,学习正见,用正确的观念装备自己的头脑。懂选择、知进退,做好时间、精力、人事物的断舍离。

曾经有位网友给我发私信,开口便问我:"怎么变成功?"我心想,成功岂是几句话就能说清的?若寥寥几句就能让人成功,那我自己恐怕早已超凡入圣。

亚里士多德说过:"人生最终的价值,在于觉醒和思考的能力,而不止在于生存。"歌德也曾说过:"你若要喜爱你自己的价值,你就得给世界创造价值。"这些都揭示了人生的真谛。人生中的每一种选择和生活方式都有其价值和意义,我们不应执着于单一的标准和模式,而应以平和、宽阔的心态去面对。

在这个瞬息万变的世界里,我们虽无法预知未来,但可以把握当下。

深度断舍离，快乐零距离。我们能做的就是：专注提高、忠于自己。

特别说明一下，书中的事例以及其中所涉及人物的描述存在一定程度上的文学加工，而且这些描述可能仅限于我的视角，未必能代表他或她的全部。

如果有一天你们对我失望了，切勿让自己远离圣贤智慧文化，你们应该远离的仅仅是我这个人。圣贤智慧文化是历经岁月沉淀的瑰宝，蕴含着无尽的智慧和力量。无论我个人表现如何，都不应成为你们与这博大精深的圣贤智慧文化之间的阻碍。